AF359084

ACADÉMIE DE NEUCHATEL

ANNÉE 1887-1888

SEMESTRE D'HIVER ET SEMESTRE D'E E

COUP-D'OEIL

SUR LES

ORIGINES ET LE DÉVELOPPEMENT DE LA PALÉONTOLOGIE

EN SUISSE

PAR

M. LE Dʳ A. JACCARD, PROFESSEUR

Catalogue des étudiants, année 1886-1887.
Programme des cours pour l'année scolaire 1887-1888.
Extrait des règlements. Renseignements divers.

NEUCHATEL — IMPRIMERIE ATTINGER FRÈRES

ORIGINES ET LE DÉVELOPPEMENT DE LA PALÉONTOLOGIE
EN SUISSE

La Paléontologie, c'est-à-dire la science qui s'occupe des anciens êtres, représentés par leurs débris au sein des couches terrestres, n'est connue sous ce nom que depuis un demi-siècle à peine. Mais, si nous recherchons ses origines, nous les trouvons à quelques siècles en arrière, et nous constatons que longtemps avant qu'il fût question de géologie, on s'est occupé, en Suisse surtout, de l'étude des pierres dont la figure ou la forme rappelle, soit des animaux, soit des plantes.

Longtemps confondues, sous le nom de *pétrifications*, avec les substances minérales, les cristaux, les roches, ces pierres, que nous appelons maintenant les fossiles, donnèrent lieu aux théories les plus naïves, aux systèmes les plus contradictoires, relativement à leur origine. Il ne pouvait en être autrement à une époque où les premiers rudiments des sciences naturelles étaient à peine entrevus, où les naturalistes, avides du merveilleux, se livraient aux caprices de leur imagination et inventaient, créaient des animaux fantastiques et fabuleux.

Peu à peu cependant, l'origine organique des fossiles fut reconnue et prévalut sur les conceptions imaginaires, mais cette théorie, accaparée par les philosophes et les théologiens, fut dénaturée, et pendant tout le dix-huitième siècle, aucun progrès sérieux ne put être réalisé dans ce domaine. Il ne fallut rien moins que les découvertes réalisées dans les sciences physiques et naturelles, et leurs applications aux arts et à l'industrie, pour que la paléontologie devînt enfin une science digne de figurer au rang des autres branches des connaissances humaines.

Notre intention, en limitant cet essai à la Suisse, n'est point de revendiquer pour nos concitoyens le principal mérite dans les progrès de la paléontologie. Mais, en parcourant les nombreux écrits que nous ont laissés nos anciens naturalistes, on constate que la plupart d'entre eux sont basés sur l'observation, qu'ils sont accompagnés de figures représentant les objets qui donnaient lieu à leurs dissertations, en sorte que celles-ci n'étaient pas le fruit de vaines spéculations. Or, la plupart de ces travaux sont aujourd'hui oubliés, ou bien ils ne sont connus que par des citations insuffisantes à faire ressortir leur mérite.

Il nous a paru qu'ils méritaient mieux que cela, puisque, en réalité, ils constituent une part importante des matériaux sur lesquels repose l'histoire de la paléontologie. Il va sans dire d'ailleurs que nous aurons soin de relier par des citations convenables notre histoire à celle de la science en général, afin de présenter un tableau aussi fidèle que possible de l'enchaînement des découvertes et du progrès continu de la science.

« Notre expérience personnelle, dit Georges Cuvier, est tellement limitée par la brièveté de notre existence, que nous ne saurions presque rien si nous ne connaissions que ce que nous pouvons apprendre nous-mêmes. Nous sommes donc obligés de recourir à l'histoire où sont consignées les observations des hommes qui nous ont précédés.

« Mais à cette histoire il faut joindre celle des savants, car la valeur de leur témoignage dépend souvent beaucoup des circonstances de lieux, de temps et de position dans lesquelles ils se sont trouvés. La connaissance de l'histoire des sciences est d'ailleurs utile en ce qu'elle empêche de se consumer en efforts superflus pour reproduire des faits déjà constatés. »

Il y a d'ailleurs un sentiment d'équité qui ne doit pas nous permettre de passer sous silence le mérite de ceux qui, en nous précédant, ont tracé et aplani la route. Jusqu'ici, nous pouvons bien le dire, les personnes qui ont écrit sur la géologie et la paléontologie n'ont guère présenté qu'une étude rétrospective superficielle, se répétant souvent les uns les autres et quelquefois se bornant à faire ressortir ce qu'il pouvait y avoir de faux et de ridicule dans les théories de nos prédécesseurs. De même aussi, sans avoir la pensée d'amoindrir par des critiques les mérites de ces glorieux représentants de l'esprit humain, nous aurons à signaler les erreurs qu'ils ont pu commettre, en les jugeant toutefois avec les idées et les connaissances de leur temps et non avec celles du nôtre, ce qui serait souverainement injuste.

I

Disons tout d'abord que ce n'est point en Suisse que se firent les premières observations sur les fossiles. Sans remonter aux Grecs, tels que Strabon, Aristote, ou aux Romains Pline, Ovide, nous savons que, dès le quinzième siècle, des Italiens, parmi lesquels on peut citer Léonard de Vinci, reconnurent et affirmèrent l'origine organique des coquilles ensevelies dans les couches terrestres. Au seizième siècle, cette opinion fut partagée et, disons même, confirmée par Frascatore; mais bientôt surgit la secte des scolastiques, qui applique aux fossiles l'idée des générations équivoques d'Aristote, idée suivant laquelle la production des coquilles dans la terre était due à certaines influences occultes. Plus tard enfin, Fabius Colonna et Augustin Scilla remirent en honneur des idées plus justes aussi bien sur les coquilles que sur les *Glossopètres*, considérées comme des langues de serpent, mais qu'ils prouvèrent être des dents de poissons du genre *Carcharias*.

C'est au milieu du seizième siècle et dans la ville de Zurich, au sein de laquelle venait de s'accomplir la réforme, que nous voyons apparaître le premier naturaliste suisse, dans la personne de Conrad Gesner, celui qu'on a nommé le *Pline de l'Allemagne*.

Conrad Gesner naquit à Zurich, en 1516, dans une condition obscure, mais il manifesta de bonne heure des dispositions qui lui valurent l'appui des théologiens réformés, désireux de lui faire embrasser la vocation ecclésiastique. Telle ne devait pourtant pas être sa destinée et, après bien des voyages et des séjours plus ou moins longs à Strasbourg, à Bourges, à Paris, à Montpellier, à Bâle, en Italie, en Allemagne, il revint à Zurich, en 1555, et y fut nommé professeur d'histoire naturelle. Tour à tour, les plantes, les animaux, les pierres, et enfin les eaux et les fontaines furent l'objet de ses études et de ses publications.

Gesner avait réuni dans ses voyages un grand nombre d'objets d'histoire naturelle, animaux, plantes, minéraux : il les fit dessiner et graver, ce qui constitue pour ses divers traités un élément de perfection assez rare pour cette époque.

Le traité sur les *Figures des fossiles*[1] fut son dernier ouvrage, et parut l'année de sa mort. Ce volume, format petit in-16°, se compose de huit parties ou dissertations, dont la première et la dernière seulement traitent des corps organisés fossiles. Les autres ont pour objet les métaux, les pierres précieuses naturelles, ou taillées et gravées, ainsi que leur histoire sacrée. (Il y a même un *libelli, De calculis in corpore humano.*)

Le premier livre est un *Catalogue des fossiles de la collection* de Jean Kentmann de Dresde, avec la répartition en vingt-six classes, de toutes les substances minérales alors connues : terres, bitumes, marbres, métaux. La division des *pierres* comprend les pierres en forme d'animal *(lapides animantibus)*; on y voit figurer le *lapis Judaicus*, les *Belemnites*, les *Actites*, les *Géodes*, etc.

Le dernier livre se compose de descriptions, ou plutôt de dissertations sur toutes sortes de pierres, cristaux, etc., et renferme des figures d'un certain nombre d'objets.

Les *pierres météoriques (Ceraunia lapides)* sont des marteaux en pierre préhistoriques. Gesner discute longuement sur les *Belemnites (Idæ Dactylus)* et réédite toutes les légendes transmises à leur sujet par les Grecs et les Romains, et déjà reproduites un siècle auparavant par Agricola dans son livre : *Sur la nature des fossiles.* C'est seulement vers la fin du livre que nous trouvons les figures des coquilles fossiles *(Ammonites, Strombus, Pecten)*, des *Glossopètres*, et même un poisson de pierre *(Ichtyites Eislebensis).*

Du reste, nous ne trouvons aucune indication exacte de provenance, ni classification systématique, et la plupart des noms sont de création déjà ancienne. Enfin, Gesner ne

[1] *De omni rerum fossilium genere.* Zurich 1565.

sait pas encore, ou ne se prononce pas sur la question de savoir si les pétrifications ont été des objets vivants ou si elles ne sont que des produits des forces naturelles.

Conrad Gesner ne paraît pas avoir eu connaissance des travaux de Bernard de Palissy, son contemporain, né en 1499, le potier de terre et l'inventeur des *rustiques figulines*, qui, ayant recueilli dans ses voyages un grand nombre de coquillages marins, changés en pierre, prouva par l'intégrité de leur conservation, qu'ils n'avaient point été transportés par un déluge ou une inondation, mais qu'ils provenaient bien certainement du séjour de la mer dans les lieux où on les trouvait.

Jean Bauhin, né en 1541, à Bâle, peut être considéré comme le successeur immédiat de Gesner, avec lequel il fut en correspondance dès l'âge de dix-huit ans. Il s'occupa principalement de botanique, ainsi que son frère Gaspard, mais la découverte d'une source minérale à Boll, dans le duché de Wurtemberg, le détermina à publier un petit livre des plus curieux par la variété des sujets qu'il traite, ainsi que par sa naïveté et son originalité [1]. Non seulement il fait connaître la vertu des eaux thermales et minérales de Boll, mais encore il décrit les animaux du pays et il figure de nombreuses variétés de poires et de pommes. Un certain nombre de planches sont consacrées aux fossiles mis au jour par les travaux de captation des sources de cette localité, devenue célèbre dès lors par la découverte de nombreux squelettes entiers d'Ichtyosaures, de Plésiosaures, de poissons ganoïdes, etc. Sous le nom de « pierres variées » *(lapidus variis tam bituminosus quam aliis, cornu ammonis, conchites*, etc.) nous trouvons plus de deux cents figures, suffisamment bien dessinées, d'Ammonites pyriteuses, isolées ou bien écrasées et recouvrant des plaques schisteuses, des coquilles bivalves, *Chama, Conchites, Pecten, Pectunculus* (Térébratules), *Astroites* (Crinoïdes) *Belemnites*, et enfin des pyrites de formes variées *(pyrites cinereus, aerosus, tessellatus*, etc.

Jean-Jacques Wagner naquit à Zurich en 1641 et, comme C. Gesner, il s'occupa de toutes les branches de l'histoire naturelle, mais en limitant ses observations à la Suisse. Il était docteur en médecine et conservateur de la Bibliothèque de Zurich. Il publia, en 1680, une *Histoire naturelle de la Suisse* [2], petit volume en latin, divisé en sept sections, dans lesquelles l'auteur décrit successivement le pays, les montagnes, les eaux, les animaux, les fossiles (minéraux et pierres) et les météores. Wagner est avant tout un amateur des curiosités et des merveilles; il débite avec une naïveté sans égale les légendes les plus baroques, les traditions les plus absurdes. C'est ainsi qu'à propos des fossiles qu'il décrit, comme les animaux et les plantes, d'après l'ordre alphabétique, il s'exprime au sujet des Bélemnites :

« *Belemnites*. Pierre de lynx, ainsi nommée, parce qu'on pense à tort qu'elle est formée de l'urine de lynx pétrifiée; on l'appelle aussi lance ou flèche du tonnerre, parce

---

[1] *Historiæ fontis et balnei admirabilis Bollensis.* Montisbelgardensis, 1659.
[2] *Historia naturalis helvetiæ curiosa.* Tiguri, 1680.

qu'on croit qu'elle est tombée du ciel. Calcinée, elle répand une odeur semblable à celle de la corne de bœuf. Elle est utilisée dans le traitement des néphrites, le pansement des blessures ; c'est aussi un dentifrice, etc. On la trouve dans les environs de Zurich, à Andelfingen, à Schaffhouse, Hallau, au Randen, aux environs de Bâle, etc. »

Pour les Ammonites, les pierres judaïques qui se rencontrent au Lægern *(Monte Legerii)*, mêmes indications bizarres de leurs vertus médicinales. Les Ardoises *(Ardesia)* du canton de Glaris donnent lieu à une courte description, dans laquelle Wagner nous parle de ces pierres « élégantissimes », célèbres par leurs dimensions, que l'on exporte en Allemagne, en Angleterre, en Danemark, en Suède, mais il ne dit rien des squelettes de poissons qui, un peu plus tard, devaient provoquer l'admiration de Scheuchzer et fournir aux paléontologistes modernes de nombreux et importants matériaux ichtyologiques.

Le livre de Wagner ne renferme pas de figures, mais il présente un certain mérite à cause de l'indication des lieux d'où provenaient les fossiles cités par lui.

La fin du dix-septième siècle est marquée par l'apparition, en Angleterre, de plusieurs systèmes cosmogoniques qui, malgré leur caractère spéculatif, devaient exercer une influence assez grande sur les travaux des naturalistes suisses dont nous allons avoir à nous occuper, aussi devons-nous en dire ici quelques mots.

Nous nous bornons à citer la *Théorie sacrée de la terre*, de Thomas Burnet, publiée en 1681, les *Discours de théologie physique*, de Jean Ray, 1693, la *Nouvelle théorie de la terre*, de Whiston, 1696, qui ne reposent sur aucune donnée positive et ne nous apprennent rien de la structure si intéressante du sol des Iles britanniques. Il en est un peu différemment de Martin Lister et surtout de Jean Woodward, auteur de l'*Histoire naturelle de la terre et des débris terrestres*, 1695, qui avait reconnu la véritable origine des fossiles, mais qui envisageait que ceux-ci devaient se trouver au fond de la mer, lorsqu'au moment du déluge les abîmes s'entr'ouvrirent tout à coup. Ces débris organiques furent enfouis dans des dépôts qui se consolidèrent ensuite.

Un autre ouvrage de ce temps-là, plus remarquable encore, est celui de Ed. Luidius sur la *Distribution des pierres fossiles de l'Angleterre*, etc., 1699. Ce livre se distingue par la précision et l'exactitude de ses descriptions des fossiles animaux, l'indication des localités d'où ils proviennent, etc. Il est à regretter qu'un esprit aussi distingué se soit laissé influencer par les opinions de son temps au point d'admettre les idées les plus étranges sur la nature et l'origine des fossiles qu'il avait si bien étudiés. Comme nous allons le voir, plusieurs de nos savants suisses se firent les champions des théories de Woodward sur l'origine diluvienne des fossiles, tandis que d'autres en restaient, comme Luidius, à des conceptions purement imaginaires, à l'appui desquelles il leur était impossible d'apporter des arguments sérieux.

II

Jean-Jacques Scheuchzer naquit à Zurich, en 1672. Il étudia à l'Université de Nuremberg et fut reçu docteur à Utrecht, en 1694. Deux ans plus tard, il publiait une dissertation sur les coquilles pétrifiées, adoptant tout d'abord la théorie vague des causes physiques ; mais après de nombreux voyages, et à la suite de recherches sur les pétrifications ou les fossiles, il devint l'un des plus zélés partisans de leur origine diluvienne. Selon lui, les montagnes n'existaient pas avant le déluge ; elles furent soulevées par le Créateur afin de séparer les eaux d'avec la terre. C'est ainsi que les poissons et les coquilles de la première création se trouvèrent transportés hors de l'élément liquide. Il appuya dès lors son système par la publication de nombreux mémoires, accompagnés de figures, sur les fossiles de tout genre qu'il avait recueillis. Scheuchzer a d'ailleurs beaucoup écrit sur toutes sortes de sujets, et on a de lui une histoire naturelle de la Suisse en six volumes.

Sous le titre de *Pierres figurées de la Suisse*[1], nous avons d'abord un recueil de quatre-vingt-huit figures et descriptions de fossiles du Jura. Ce sont des Crinoïdes et des Spongiaires du Lægern, du Randen, de la vallée de la Birse, une Térébratule bien caractérisée, sous le nom de *Conchites anomius*, des Polypiers *(Astroites)* ; enfin une série de fossiles provenant du comté de Neuchâtel *(ex Comitatus Neocastrensis)*, et en particulier de Suchiez, de Hauterive, du ravin du Seyon *(in rupibus ad fluvium Sionem)*. On reconnaît aisément, dans l'une des figures, l'espèce qui a reçu le nom de *Pholadomya Scheuchzeri* ; une autre, qu'il appelle *Concha lapida*, est notre *Ostrea Couloni*, etc. Enfin la série se termine par deux fragments d'une huître bien connue du néocomien, l'*Ostrea rectangularis*, décrits sous le nom de *caudæ cujusdam Animalis fossilis fragmentum!*

Dans une sorte de prosopopée allégorique qui a pour titre : *Plaintes et réclamations des poissons*[2], Scheuchzer fait parler les poissons pétrifiés eux-mêmes, ils se plaignent d'avoir été les victimes du Déluge universel, bien qu'ils fussent innocents des crimes qui l'ont motivé. Les poissons se plaignent aussi de l'injustice des hommes, qui ne veulent pas les reconnaître comme les ancêtres des poissons actuels et les rabaissent à la catégorie des pierres brutes. Puis vient le témoignage de chacun des individus de la collection. Tout d'abord c'est un gros « *Brochet antédiluvien, en pierre d'Œningen, au diocèse de Constance*, » dont le squelette est figuré dans une grande planche, avec description des caractères anatomiques. Puis viennent : un « *poisson en pierre d'Eisleben, au comté de Mansfeld*, » une « *Anguille* », et plusieurs « *Poissons*

---

[1] *Specimen lithographiæ helvetiæ curiosæ.* Tiguri, 1702.
[2] *Piscium querellæ et vindiciæ.* Tiguri, 1708.

diluviens, squelettes en pierre, ou ardoise noire de Glaris, » un « *insecte diluvien,* » etc.
La planche III renferme plusieurs figures de dents de requins, quelques-unes très
grosses, de l'île de Malte *(Carcharias maxima serratus),* et d'autres localités d'Allemagne. Enfin une « *vertèbre dorsale humaine pétrifiée* », d'Altorf, aux environs de Nuremberg.

Le texte qui accompagne ces planches, gravées avec un certain soin, ne donne
aucune description des objets eux-mêmes, mais le recueil est précieux et présente
un intérêt réel par le fait que les planches représentent d'une manière très reconnais-
sable des poissons ou Ichtyolithes de la plupart des localités les plus célèbres aujour-
d'hui.

L'*Herbier diluvien* [1], publié l'année suivante, avec planches grand format, est conçu
sur le même plan. Une préface « au lecteur » renouvelle les doléances de l'auteur sur
la malice, la dépravation et l'ignorance des hommes, que les châtiments de Dieu n'ont
point ramenés à une vie plus conforme à sa volonté. Et pourtant, de toutes parts
abondent les reliques, les souvenirs de la grande catastrophe du Déluge : les coquilles,
les poissons, les plantes, les minéraux ; les trois règnes de la nature constituent le
monument indestructible et irrécusable de la sagesse et de la puissance d'un Dieu juste
et vengeur.

Dans les dix planches de ce recueil nous trouvons de bonnes figures de fougères, la
plupart, soit une vingtaine d'espèces, du terrain carbonifère d'Angleterre, de Silésie,
qu'il a reçues de ses amis et correspondants : Johann Woodward, Isaac Newton, Val-
lisneri, etc. (à chacun desquels il a soin de dédier une planche). Puis viennent des
empreintes de feuilles dicotylédones d'Œningen, au nombre d'une quinzaine. La fin du
recueil renferme un mélange assez hétérogène de dendrites, de cristallisations d'Anti-
moine, de Fluor et d'Argent, de cloisons d'Ammonites, de poissons de Glaris, et enfin
de monstruosités naturelles ou *lusus naturæ.*

Le *Musée du Déluge* [2] n'est pas accompagné de figures. C'est un catalogue raisonné
de toutes les espèces de pierres du savant zuricois. Dans le *Conspectus,* Scheuchzer
répartit les fossiles dans trente-cinq classes, comprenant 1513 espèces d'animaux et
de plantes. Les « plantes diluviennes et pierres qui leur ressemblent » sont au nombre
de 275. Puis viennent les *Ammonites,* avec un total de 149 espèces, les mollusques
enroulés, les bivalves, les Echinides, les Eutroques et étoiles de mer, les *lentes lapidæ,*
Nummulites, etc. Les quadrupèdes sont représentés par des os, des dents, 36 espèces ;
les poissons sont au nombre de 60 ; enfin la liste se termine par deux fragments d'os
de « l'homme diluvien » *(Hominum in diluvio submersorum Partes)* [3].

Ce qui rend ce petit livre intéressant, c'est l'indication de provenance de la plupart
des objets énumérés. En outre des localités déjà citées précédemment, nous en trouvons de plus catégoriques : ainsi, la Brévine, Châtelot, Pont-de-Martel, Chaumont, etc.

[1] *Herbarium diluvianum collectum a Johannes Jacobo Scheuchzero,* Med. D. Math., etc. Tiguri, 1709.
[2] *Museum diluvianum,* etc. Tiguri, 1716.
[3] Il s'agit d'une vertèbre d'Ichtyosaure.

A cette époque, 1716, Scheuchzer n'avait point encore découvert le document qui devait être, pour son imagination enthousiaste, la preuve indiscutable de la réalité du Déluge biblique, « l'homme témoin du Déluge ». Ce fut seulement dix ans plus tard que l'on vit paraître sa dissertation, avec figure, sur l'*Homo diluvii testis et theoscopos*, provenant d'Œningen, dont les carrières lui avaient déjà fourni tant de spécimens de toute nature. Sur une dalle, ou plaque de calcaire blanche, on apercevait une tête de la grosseur de celle d'un enfant, avec deux grandes cavités orbitaires, une partie de l'épine dorsale et des vestiges de membres antérieurs. Tout le reste était encroûté et invisible. Quoique médecin et, par conséquent anatomiste, ou devant l'être, Scheuchzer ne sut pas reconnaître que ces ossements n'avaient jamais appartenu à l'espèce humaine. Plusieurs naturalistes constatèrent dès lors son erreur, mais pour en commettre de non moins lourdes, jusqu'au moment où Georges Cuvier, le ciseau en mains, eut découvert les parties du squelette jusqu'alors invisibles, et démontré que celui-ci n'était autre chose qu'un batracien, voisin des salamandres. On sait maintenant qu'il existe au Japon des espèces de grande taille, appartenant au même genre *(Andrias japonicum)*, ce qui ne permet même plus de considérer l'espèce fossile *(Andrias Scheuchzeri)*, comme un phénomène remarquable par sa grandeur.

Un nom, qui a presque toujours été cité en même temps que celui de Scheuchzer, est celui de Charles-Nicolas Lang, de Lucerne, au point que l'on eût pu croire que ces deux hommes avaient travaillé en collaboration. Rien n'est moins exact pourtant, car Lang a été inspiré par des idées absolument opposées à celles de son contemporain. Néanmoins il a, lui aussi, contribué puissamment à faire connaître les fossiles de notre pays.

Charles-Nicolas Lang naquit à Lucerne en 1670. Il étudia la médecine à Rome et s'établit docteur-médecin dans sa ville natale, où il mourut en 1741. Son premier ouvrage, l'*Histoire des pierres figurées de la Suisse*[1], fut imprimé à Venise en 1708. Dans la première partie, l'auteur traite de l'origine des pierres en général; il s'étend longuement sur la formation du Lait de Lune *(Lac Lunæ)*, dans les cavernes. (On sait que cette substance n'est autre chose qu'un état particulier des stalactites et des stalagmites). Or, de ce que ce minéral est encore en voie de formation, notre auteur en conclut que les pierres figurées ou les pétrifications se sont formées de la même manière dans le sein de la terre, qu'elles sont issues de semences des êtres vivants, transportées par les eaux dans les régions souterraines, où elles ont rencontré des circonstances favorables à leur développement, etc.

Partant de ce point de vue, il place en tête de ses neuf classes de pierres figurées, les minéraux et les cristaux, les stalactites, les pyrites; puis viennent les pierres figurées à l'état d'empreintes, ou de corps entiers *(lapides figurati petrificata animalia integra)*. Cinquante planches assez bien gravées représentent quelques poissons, des

[1] *Historia naturalis lapidum figuratorum Helvetiæ*, etc.

dendrites, des empreintes de feuilles, des dents de requins, diverses pierres de figure bizarre. Des Spongiaires, des Polypiers, des Crinoïdes sont envisagés comme des végétaux, aussi bien que des *Nummulites*, que leur section accidentelle fait ressembler à des grains de blé *(lapis frumentarium helveticus nigra)*. Quant aux mollusques, ils sont groupés assez naturellement, d'abord les *Ammonites*, puis les *Cochlites, Turbinites, Conchites, Terebratules*. Seulement, toutes les fois qu'une coquille se présente encore engagée dans la roche, il la désigne sous le nom de *matrix*; nous avons ainsi des *Matrix echinitarum, Matrix conchitarum*, etc.

La localité d'origine est fréquemment indiquée, et nous voyons que Lang avait aussi reçu des fossiles de Neuchâtel, mais il était bien moins riche en pièces remarquables que Scheuchzer; c'est à peine s'il connaissait Œningen et Glaris.

Un second ouvrage de Lang fut imprimé à Lucerne, en 1709. C'est un *Traité sur l'origine des pierres figurées*[1]. Le titre seul, d'une longueur interminable, permet d'entrevoir que l'auteur, abandonnant cette fois la démonstration matérielle, se borne à discuter et affirmer ses vues et ses idées envers et contre tous les adeptes de la théorie diluvienne.

Lang est encore l'auteur d'un troisième mémoire, imprimé à Lucerne en 1722. C'est la *Méthode nouvelle et facile de classer les Testacés ou coquilles marines* en classes, genres et espèces, précédée d'une « préface isagogique » énumérant les auteurs qui se sont occupés des pierres figurées. Chacune des classes, au nombre de onze, est précédée d'un tableau analytique des caractères génériques; puis vient une courte diagnose de chacune d'elles, avec références aux auteurs qui en ont déjà parlé (il cite fréquemment Luidius, Lister, Rumphius, Rondelet, mais jamais Scheuchzer). Somme toute, ce travail fait entrevoir l'apparition prochaine des systèmes méthodiques appelés à transformer les études botaniques et zoologiques.

Dix ans plus tard Breynius, dans sa *Dissertation sur les Polythalames*[2], présentait également un tableau de classification dans lequel il réunissait les coquilles cloisonnées des Nautiles marins aux Nautiles fossiles, aux *Ammonites*, aux *Lituites* et aux *Orthocératites*.

Ce travail inaugure la phase des recherches vraiment paléontologiques, et il est devenu la première base des recherches sur les coquilles divisées en plusieurs chambres, qui constituent la classe des *Céphalopodes*. On peut en dire autant de son *Essai de distribution méthodique des Echinodermes*.

Enfin, nous dirons encore quelques mots d'un savant zuricois, qui prit part aux discussions sur l'origine des fossiles.

J.-J. Gesner, docteur en médecine à Zurich, publia en 1742 un premier mémoire

---

[1] *Tractatus de origine lapidum figuratorum, in quo diffuse disseritur, utrum nimirum sint corpora marina a diluvio ad montes translata et tractu temporis petrificata vel a seminio quodam et lapidescente intra terram generantur, quibus accedit accurata diluvii descriptio, ejusque in terra effectum,* etc., etc.

[2] *Dissertatio de polythalamiis, nova testaceorum classe*, etc. Gedanii, 1732.

latin sous le titre de : *Dissertation physique sur l'origine des pétrifications*. Passant en revue la plupart des ouvrages publiés avant lui, il démontre que ce sont toujours les parties solides des animaux, les os, les dents, les coquilles qui se sont pétrifiés, ou changés en pierre. Dès lors il conclut en proposant une terminologie spéciale pour les pétrifications comme pour les êtres vivants. Ainsi, il range dans les *Phytolithes* les empreintes de feuilles, racines, troncs, etc. Les *Zoolithes*, ou pétrifications animales, se subdivisent en *Corallites*, *Echinites*, *Conchites*, puis viennent les *Ichtyolithes*, *Amphibiolithes* et les *Anthropolithes* ou hommes pétrifiés. Cette dissertation se termine par dix conclusions, qui peuvent se résumer en disant que les fossiles ou pétrifications se sont formés avant, pendant et après le Déluge.

Dans une seconde dissertation sur le même sujet, Gesner cherche à prouver l'universalité des phénomènes de pétrification et, conséquemment, du Déluge. Il conclut, dans un sens dogmatique et théologique, à la destruction finale de notre terre, non plus par l'eau, dont le volume diminue graduellement, mais par le feu et par l'embrasement général du globe terrestre.

III

Nous n'avons jusqu'ici rencontré aucun indice qui nous permette de penser qu'on se soit occupé de l'étude des fossiles dans la Suisse française avant le dix-huitième siècle, sinon peut-être les communications ou envois de pétrifications aux naturalistes-collectionneurs de la Suisse allemande et de l'étranger. C'est sans doute de cet échange d'objets d'histoire naturelle et de la création des « cabinets » ou collections d'amateurs, aussi bien que de l'émulation développée parmi les amis des sciences et des lettres, que résulta le mouvement auquel nous allons assister maintenant. Il eut pour chef et pour guide un homme que sa vocation première ne semblait nullement appeler à ce rôle, mais qui s'était formé lui-même, par de nombreux voyages et des rapports fréquents avec les savants de presque toutes les contrées de l'Europe.

Louis Bourguet naquit à Nîmes, en 1678. La révocation de l'Edit de Nantes, en 1685, détermina sa famille à émigrer en Suisse et à s'établir à Genève d'abord, puis à Lausanne, et enfin à Zurich. Employé dans les établissements industriels de ses parents jusqu'à l'âge de trente-sept ans, il ne négligea aucune occasion de s'instruire, en particulier dans ses voyages répétés en Italie. Déjà en 1704, il avait fait un séjour à Neuchâtel, et il y fut nommé professeur de philosophie en 1731. Ce fut sans doute pendant son séjour à Zurich qu'il fit la connaissance de Scheuchzer et qu'il contracta la prédilection particulière pour l'étude des fossiles, qui nous a valu ses ouvrages les plus importants.

Le premier en date est intitulé : *Lettres philosophiques sur la formation des sels et des cristaux, sur la pierre lenticulaire et la pierre bélemnite, sur la génération des plantes et des animaux*, et enfin *Mémoire sur la théorie de la terre*.

Une « préface » met à même le lecteur de se rendre compte du contenu de ces lettres, qui n'est au fond qu'une réfutation assez vive des théories « des philosophes *Paracelse, Agricola, Gesner, Fallopius, Mercati, Boot, Aldrovandi*, etc., et *M. Charles-Nicolas Lang*, médecin de Lucerne, qui ont eu recours, pour expliquer l'origine des fossiles de figure régulière, à un *Esprit Architectonique*, à des *Archées*, à des *vertus Actinoboliques et Formatrices*, à des *idées sigillées*, à des *raisons séminales* et à cent autres agents semblables forgés dans l'École du *Péripatétisme* et dans celle de la *Chimie fanatique*. »

Il est toutefois, dans cette préface, un passage que nous croyons devoir reproduire, en raison de l'intérêt tout particulier que lui donnent des découvertes récentes.

« Il ne sera point désagréable, sans doute, à ceux qui aiment la physique, de trouver ici la lettre de mon savant et pieux ami, le philosophe Jean-Jacques Scheuchzer, de Zurich, au sujet des *Bélemnites* et des *pierres lenticulaires*. Je suis bien aise, me dit-il, que vous travailliez à établir le système des reliques du Déluge, reçu présentement quasi dans toute l'Europe. Il est vrai que nous possédons de véritables reliques dont nous n'avons pas encore les analogues. Mais il est vrai aussi que les découvertes et les progrès qu'on fait dans l'histoire de la nature nous développent de temps en temps ce qui nous était caché jusqu'ici. Il nous manque un voyageur qui fasse une course dans les abîmes de la mer, et peut-être que, si j'en étais voisin, j'aurais entrepris un tel voyage avec autant de facilité que j'ai grimpé sur les hautes montagnes de la Suisse. L'on y découvrirait sans doute des *Animaux pélagiens*, qui nous donneraient beaucoup de lumière dans l'histoire des reliques. Les *Cornes d'Ammon* et plusieurs sortes de coquilles nous en convainquent, étant incontestablement originaires de la mer, quoique nous n'ayons pas encore leurs analogues vivants. Et qui sait si notre système ne donnera pas du courage aux plongeurs pour tirer des abîmes de la mer, non pas seulement des perles, mais aussi d'autres choses qui nous pourront servir. »

Ajoutons, pour terminer, en ce qui concerne les *Lettres philosophiques*, que Bourguet considère les Bélemnites, non point comme des minéraux, mais bien comme les dents d'un animal marin, peut-être d'un alligator. Quant aux « pierres lenticulaires, » elles ont également une origine organique, et il pense qu'elles pourraient bien être des opercules d'Ammonites.

Le *Traité des pétrifications*, imprimé à Paris en 1742, tire son importance scientifique des nombreuses figures de fossiles contenues dans les soixantes planches qui l'accompagnent et, à ce point de vue, nous ne pouvons partager l'avis d'un écrivain français qui déclare qu'on devrait l'abandonner complètement aux théologiens. Sans doute, les dissertations dont se compose la première partie du recueil se ressentent de la tendance déjà manifestée dans les *Lettres philosophiques*. Mais on y trouve aussi nombre d'indications intéressantes sur le gisement des fossiles, tant dans le comté de Neuchâtel qu'en Allemagne et ailleurs.

La seconde partie du *Traité* est tout à fait scientifique. Nous y trouvons l'*indice des auteurs qui ont traité des Pétrifications*, soit une bibliographie de quatre-vingt-dix auteurs des seizième, dix-septième et dix-huitième siècles.

L'indice des divers endroits des quatre parties du monde où l'on trouve des pétrifications n'est pas moins intéressant. Tout naturellement le Jura est largement représenté, car le comté de Neuchâtel et Valangin compte trente-cinq localités.

Un troisième *indice*, consacré aux *figures*, est précédé d'un «avertissement» faisant connaître les noms des amateurs dont les *cabinets* ont été mis à contribution. Ce sont ceux de MM. Bourguet, professeur de philosophie, à Neuchâtel; Cartier, pasteur, à la Chaux-du-Milieu; Gagnebin, chirurgien très expert, à la Ferrière, dans l'Erguel; Magnet de Formon, gentilhomme de Neuchâtel; Ritter, le fils, docteur-médecin, à Berne; Stadler, ministre et théologien, de Zurich. A ces noms, nous pouvons ajouter ceux de quatre pasteurs dans les villages de nos Montagnes, qui, eux aussi, étaient en correspondance avec le savant de Neuchâtel.

Quant à la classification adoptée par Bourguet, elle est, relativement à l'époque, assez satisfaisante, et même en progrès sur celles de Scheuchzer et de Lang.

Dans une première classe, il range les *champignons de mer* (Spongiaires), les *Alcyons, Astroïtes, Agarics, Madrépores* (Polypiers). Dans la seconde se trouvent les *Huîtres*, les *Boucardes*, les *Moules*, les *Pétoncles*, les *Coquilles de Saint-Jacques*, les *Térébratules* (Acéphales et Brachiopodes). Dans la troisième, les *Nérites, Toupies, Cornets de mer, Turbinites, Escargots*, c'est-à-dire nos Gastéropodes; mais il y joint les *Ammonites*, qui sont des Céphalopodes. Quant à la quatrième classe, elle est assez hétérogène, car il y range tout ce qui n'est pas entré dans les précédentes : ainsi les *Echinides*, les *Pierres judaïques*, les *Entroques* (crinoïdes), quelques poissons, et enfin une réduction de la figure du « squelette de l'homme pétrifié, » de Scheuchzer.

On a, il est vrai, fait l'observation que Bourguet avait négligé d'indiquer les localités d'où provenaient les fossiles figurés, mais à une ou deux exceptions près, on reconnaît leur origine jurassique et jurassienne ou néocomienne, et bon nombre d'espèces sont maintenant rappelées par les paléontologistes dans leurs synonymies.

Bourguet mourut en 1742, l'année même de la publication de son *Traité des pétrifications*, qui fut réédité plus tard à Paris par des mains étrangères. Nous ignorons ce que devinrent ses collections, mais nous savons que, pendant un certain temps encore, l'élan qu'il avait provoqué en faveur des sciences naturelles et en particulier de la géologie et de la botanique se soutint, surtout dans la Suisse romande.

C'est ainsi qu'à la Ferrière, Abraham Gagnebin dressait un catalogue de sa collection, indiquant la provenance des nombreux échantillons qui lui provenaient d'échanges et qui nous montre à quel degré les relations s'étaient développées entre les savants de tout pays. (Cette collection fut à son tour dispersée, démembrée et, en 1826, ce qui en restait fut acquis par le Musée de Bâle.)

Mais peu à peu l'entraînement, disons mieux, l'engouement pour les collections disparut, pour laisser la place à cette manie de dissertations philosophiques basées sur le raisonnement bien plutôt que sur l'observation. On fit peut-être encore des collections, mais en n'admettant dans celles-ci que les objets qui pouvaient justifier l'énoncé d'une théorie ancienne ou nouvelle, et la science fut un moment sur le point de disparaître devant la dialectique et la rivalité des systèmes qui surgissaient de toutes parts.

L'un des noms qui se présentent le plus fréquemment à nous dans la seconde moitié du dix-huitième siècle est celui d'Elie Bertrand, né à Orbe en 1713, devenu pasteur de l'Eglise française à Berne et, plus tard, conseiller de la cour de Pologne.

Dans son premier mémoire, *Sur la structure intérieure de la terre*, l'auteur établit que la terre est composée de couches, ou de lits de pierre stratifiés, dans lesquels nous trouvons, à tous les niveaux et jusque sur de hautes montagnes, des coquillages marins, des squelettes et des dents de poissons, des empreintes de végétaux terrestres et marins. Tous ces faits accusent nettement l'origine sédimentaire de la croûte terrestre. Bertrand combat, par conséquent, les théories de Luidius, de Lang, etc., relatives au « fluide séminal » et au développement souterrain des coquilles pétrifiées, « car, dit-il, comment cette théorie expliquerait-elle la formation des dents de requins sans les poissons auxquels celles-ci ont dû appartenir? »

Comme conséquence de ces prémisses, Elie Bertrand pense « que les pétrifications, aussi bien que les minéraux et les cristaux, ont été créées par l'Etre suprême, tels que nous les voyons dans les couches solides, les bancs de rochers du Jura, des Alpes, etc. » Quant aux lits de terre, de graviers, etc., qui renferment des ossements d'animaux, tels que les éléphants découverts en Wurtemberg, en Thuringe, etc., ce sont les vestiges du Déluge. Enfin, une troisième phase de l'histoire de la terre est caractérisée par des inondations locales, qui modifient la surface de certaines contrées et qui se manifestent par la formation dans les cavernes des stalactites, des stalagmites, etc.

Dans son *Essai sur les usages des montagnes*, ainsi que dans le *Mémoire sur les tremblements de terre*, Elie Bertrand revient fréquemment sur ces idées et cherche à les appuyer par des preuves matérielles. Plus tard, il publie un nouveau mémoire intitulé: *Essai de minéralogie, ou distribution méthodique des fossiles propres et accidentels à la terre*. Dans ce travail, les « fossiles propres » sont encore les roches, les minéraux, les cristaux, tandis que les pétrifications de corps organiques sont les « fossiles accidentels ». L'*Essai de minérographie du canton de Berne*, qui fait suite, renferme diverses indications de gisements fossilifères dans le Jura vaudois, qui nous prouvent que la recherche des fossiles n'avait pas été abandonnée depuis Bourguet.

Le *Dictionnaire oryctologique universel des fossiles propres et des fossiles accidentels*, publié à La Haye en 1763, est la reproduction, sous une forme différente, de l'*Essai de minéralogie*. L'auteur fait preuve d'une érudition sans bornes et ne fait grâce d'aucune des théories, d'aucune des idées des anciens sur l'origine des fossiles, pour n'arriver en définitive à aucune conclusion, car il ne conteste pas même l'existence des *Anthropolithes* ou hommes pétrifiés, et il cite tous les vestiges qui ont été signalés en divers pays.

Enfin, dans un dernier mémoire, à l'imitation de Lang et de Scheuchzer et sous le titre de *Musæ Eliæ Bertrandi conspectus*, il publie le catalogue des fossiles de sa collection, classés suivant le système présenté dans son *Essai de minéralogie*.

Dans ses divers ouvrages, Elie Bertrand cite fréquemment un ouvrage français dont nous devons dire quelques mots, en raison de la vogue dont il a joui pendant longtemps. Il a pour titre : L'*Histoire naturelle, éclaircie dans une de ses parties principales, l'Oryctologie, qui traite des terres, des pierres, des métaux et autres fossiles*[1]. Le nom de l'auteur n'est pas indiqué, mais on sait que ce mémoire, accompagné de planches soigneusement gravées, est dû à Dezallier d'Argenville, auteur d'un second travail assez estimé sur la *Conchyliologie*.

Quant à l'*Oryctologie*, c'est au fond un ouvrage d'érudition, dans lequel l'auteur, sous prétexte d'éclairer la science, multiplie les dénominations en latin et en français, et confond les vrais fossiles avec les dendrites, les cristallisations de toute nature et les ressemblances accidentelles qu'il rencontre dans les collections et les musées. On éprouve un sentiment pénible à voir à quel degré d'ignorance et de crédulité naïve la science était tombée dans le pays qui devait bientôt donner le jour aux grands naturalistes tels que Cuvier, Brongniart, etc.

Un petit livre, qui a pour titre : *Histoire naturelle de la Suisse dans l'ancien monde*[2], semble avoir été inspiré par des idées assez analogues à celles d'Elie Bertrand. L'auteur distingue pourtant déjà des montagnes de premier ordre, *Ganggebirge*, plus hautes, formées de *roches* cristallines, renfermant des minéraux, et les montagnes de second ordre, *Flötzgebirge*, composées de *couches* horizontales ou peu inclinées, posées régulièrement les unes sur les autres et qu'on reconnaît avoir été formées par l'eau, car elles renferment des coquillages, des poissons, etc., qui ne se trouvent que dans la mer, comme on le voit au Belpberg près de Berne, dans le Jura, etc. Les sources salées près d'Aigle, et de Colombier (!) près de Neuchâtel, sont aussi une preuve du séjour de la mer dans nos contrées et de l'origine sédimentaire de nos montagnes. Il ne peut donc y avoir de doute, ces coquillages, ces poissons ont vécu là où nous trouvons leurs dépouilles ; celles-ci ont été ensevelies dans les couches terrestres, ce sont les *témoins de la création*, idée tout à fait juste et confirmée par les découvertes subséquentes.

Mais notre auteur ne tarde pas à retomber dans les errements de la théologie en faisant intervenir les cataclysmes et les bouleversements du Déluge qui, selon lui, ont mis fin à cette première création du monde organique.

[1] Paris, 1755.
[2] Traduit de l'allemand de M. A.-S. Grouner. Neuchâtel, 1786.

Un autre opuscule, plus singulier encore, est le *Traité du Déluge*, par l'auteur de la *Méthode d'un thermomètre universel*, accompagné d'une carte, ou plan idéal des montagnes et des plaines de l'Arménie avant le Déluge, dans lequel l'auteur attribue à la vertu pétrifiante de certains sucs terrestres, ainsi qu'à la chaleur, la pétrification des corps organiques et la formation des marbres et des cailloux.

Les *vaines théories*, comme nous pourrions les appeler avec Augustin Scilla, devaient encore jusque dans notre siècle se produire avec tous les dehors d'une science sérieuse; aussi devons-nous parler encore d'un traité qui, malgré sa valeur discutable, fut à l'époque de sa publication l'objet d'une certaine attention. Il s'agit du livre qui a pour titre : *Renouvellement périodique des continents terrestres* [1], par Louis Bertrand [2], professeur émérite de l'Académie de Genève.

L'ouvrage est divisé en dix sections, dans lesquelles l'auteur fait d'abord ressortir l'énorme quantité de coquillages marins et de débris fossiles dans toutes les contrées du globe et réfute les objections présentées contre leur origine organique par les auteurs de l'Encyclopédie. Puis abordant les systèmes cosmogoniques de Leibnitz et du célèbre De Luc, il entreprend de prouver que les couches stratifiées ont été formées par la mer dans la position où nous les observons actuellement. Ainsi, les bancs de conglomérat ou poudingues de Vallorsine ne devraient nullement leur disposition verticale à un soulèvement, comme le prétend M. de Saussure. Les basaltes, comme les granites, les schistes durs (gneiss) ont été formés par l'eau, les couches de houille ne sont point formées de débris végétaux, etc., etc. Tout cela pour arriver à cette démonstration, « que la terre est une sphère creuse, contenant un espace vide, dans lequel un globe magnétique peut se mouvoir, se meut effectivement et se transporte, au gré des comètes, d'un pôle à l'autre, entraînant avec lui le centre de gravité des mers et noyant ainsi alternativement les deux hémisphères. »

Mais il est temps d'en finir avec les dissertations des faiseurs de systèmes; aussi bien avons-nous hâte d'en revenir aux vrais observateurs de la nature, en commençant par celui qui révéla au monde scientifique les merveilles de la structure des Alpes [3].

Horace-Bénédict de Saussure est né à Genève, en 1740. Professeur à l'Académie de Genève dès l'âge de vingt ans, il voua d'abord une attention particulière à la botanique, tout en cultivant les sciences mathématiques et physiques. Il eut le grand bonheur de se soustraire à l'influence des théories et des doctrines des naturalistes anciens, et de ne procéder que de lui-même par l'observation et par l'expérimentation;

[1] Hambourg, 1799; seconde édition, Genève, 1803.

[2] Ne pas le confondre avec son homonyme, Elie Bertrand, dont nous venons de parler, non plus qu'avec Alexandre Bertrand, auteur des *Lettres sur les révolutions du globe*.

[3] On s'étonnera peut-être que nous ne disions rien ici de J.-A. De Luc, de ses *Lettres physiques et morales*, du *Traité élémentaire de géologie*, etc., mais à part ses dissertations sur la *Lenticulaire*, sur la *Bélemnite* et sur la *Bufonite (Aptychus)*, cet auteur est resté constamment dans le domaine des spéculations imaginaires, associant les résultats scientifiques avec les croyances, les récits et les dogmes religieux, ne laissant que des opinions hasardées, sans fondement et sans application possible.

enfin, il sut résister au danger des débats contradictoires, qui résultent inévitablement des découvertes imprévues et de la réfutation d'erreurs longtemps accréditées.

Les *Voyages dans les Alpes* resteront un monument des investigations persévérantes du savant genevois et un modèle de perspicacité pour tous ceux qui s'occupent de l'étude de la nature.

Dès le début de ses recherches, de Saussure reconnut nettement la nature cristalline et non volcanique du granite, tout en le distinguant des roches sédimentaires et stratifiées. Il ne manqua jamais, lorsqu'il en avait l'occasion, de prêter une attention sérieuse aux fossiles que celles-ci renferment. Déjà dans le premier volume, il signale leur abondance à la Perte-du-Rhône, aussi bien que les coquilles bivalves du Salève, les pétrifications recueillies dans le Jura bâlois, bernois et neuchâtelois. Il mentionne d'une manière spéciale les belles collections de la marquise de Marnesia, recueillies aux environs d'Orgelet et d'Ornans, et parmi lesquelles on remarque une belle étoile de mer, dont il donne une figure très exacte.

Plus tard, il visite à Aix, en Provence, les plâtrières au milieu desquelles on trouve des feuillets calcaires, avec des squelettes de poissons fossiles. Une excursion à Œningen lui permet de faire un rapprochement entre ces deux gisements et celui de Monte-Bolca près de Vérone, si remarquable par le grand nombre d'espèces qu'on y a découvertes, etc.

Mais il faut bien le reconnaître, le sujet de ses recherches de prédilection l'éloignait des formations stratifiées et fossilifères. On ne peut douter, en lisant le chapitre XVII de l'*Agenda*, dans lequel il a consigné le programme des « observations à faire sur les restes et les vestiges de corps organisés qui se trouvent dans la terre, dans les montagnes, ou à leur surface », on ne peut douter, disons-nous, qu'il n'ait entrevu les conséquences et les résultats des recherches sérieuses dans le domaine de la paléontologie. Voici, par exemple, l'une des seize questions qu'il pose dans ce chapitre :

« 7° Constater s'il y a des coquillages fossiles qui se trouvent dans les montagnes les plus anciennes et non dans celles d'une formation plus récente, et classer ainsi, s'il est possible, les âges relatifs et les époques de l'apparition des différentes espèces. »

Ainsi que le fait remarquer M. Alphonse Favre, les grands géologues de cette époque ne pouvaient encore faire aucun usage des fossiles, personne ne les ayant encore étudiés d'une manière exacte, la paléontologie et toutes ses belles conséquences étant encore inconnues.

Ce qu'avait entrevu de Saussure, sans pouvoir le réaliser, allait devenir, pour Léopold de Buch, le point de départ d'une nouvelle ère de la géologie, celle de la stratigraphie appliquée à la paléontologie. C'est du reste par un concours de circonstances assez singulières que ce savant fut amené, presque au début de sa carrière scientifique, dans le Jura suisse.

Léopold de Buch, né à Berlin en 1774, avait été formé à l'École des mines de Freyberg, et fut d'abord l'un des plus zélés partisans des théories de Werner, chef de l'École neptunienne, en opposition avec l'École des vulcaniens ou plutoniens, de Hutton et de Playfair. Fort jeune encore, il avait déjà parcouru l'Allemagne, l'Italie, la France, les Canaries, la Scandinavie et l'Angleterre. et publié divers mémoires sur la minéralogie et la géognosie, lorsqu'il fut envoyé par le roi de Prusse à Neuchâtel, au sujet de démêlés entre le gouvernement de la Principauté et les habitants du Locle, relativement à de prétendues mines de houille qu'on voulait exploiter dans cette localité.

Le jeune savant, déterminé à remplir consciencieusement la mission dont il était chargé, commença par recueillir une collection considérable des roches du pays, en ayant bien soin de noter leur gisement exact, ainsi que la disposition des couches dont elles provenaient. Puis, les soumettant à un examen minutieux, il en fit un catalogue descriptif resté longtemps manuscrit, mais dont il fut fait, dans la suite, de nombreuses copies par tous ceux qui se livrèrent aux études géologiques dans le Jura [1]. Il en fut de même de plusieurs notices *sur le Jura, sur l'asphalte, sur le gypse de Boudry*, etc.

Tout d'abord, notre géologue distingua catégoriquement les « pierres roulées », blocs de granite, gneiss, serpentines, comme provenant des Alpes, et fournissant les preuves d'un transport diluvien, par un courant de sept mille pieds de hauteur, à travers la plaine suisse et les ayant déposés sur les flancs du Jura, où nous les voyons parfois en grande abondance.

Puis, examinant une à une toutes les couches, à partir des bords du lac, il découvre, dans la marne bleue, de nombreuses *Ammonites*, des *Echinites*, des *Térébratules*, au Vauseyon, comme à Hauterive. Plus haut, à Pierre-à-Bot, c'est une prodigieuse abondance de *Strombites* (Nérinées) dans un banc de calcaire compacte, évidemment inférieur à la marne bleue, par-dessous laquelle la couche s'enfonce. Retrouvant ces couches et ces fossiles dans les vallons du Jura et dans les mêmes relations, il en conclut que les couches sont soulevées, plissées et qu'elles présentent ces caractères d'ancienneté relative évoqués par de Saussure [2]. Poussant ensuite ses reconnaissances, d'une part jusqu'à Besançon, de l'autre jusqu'aux Alpes, il dresse une coupe théorique des formations stratifiées, l'une des premières qui aient vu le jour [3]. Il nous montre, à la base, le granite, formation primitive, qui apparaît à l'est, au Tschingelhorn. Sur ce granite reposent successivement, la pierre noire *(formation de transition)*, la pierre calcaire grise et la pierre calcaire blanche *(formation secondaire)*, surmontée par les couches de la molasse suisse (appelée plus tard *formation tertiaire)*.

Ajoutons encore qu'il sait parfaitement reconnaitre l'âge plus récent des couches qui renferment le « charbon de pierre du Locle », qu'il découvre leur origine lacustre, attestée par des coquilles fossiles, *Helix cornea* (ou *Planorbis purpura)*et autres coquillages fluviatiles, qui ne se trouvent en Suisse que dans ce vallon.

[1] Ce *Catalogue d'une collection des roches qui composent les montagnes de Neuchatel* a paru en 1867. dans les *Gesammelte Schriften*, publiés à Berlin, après la mort de L. de Buch.

[2] *Gesammelte Schriften*, t. I, pl. XIII, pl. 690.

[3] *Gesammelte Schriften*, t. I. pl. XII, pl. 688.

C'est pendant ce séjour de trois ans à Neuchâtel que Léopold de Buch se rendit en Auvergne, où il devait modifier ses premières vues sur le neptunisme, mais nous ne suivrons pas davantage le premier champion de la *théorie des soulèvements*, nous bornant à insister sur ce fait qu'il avait trouvé, dans le Jura neuchâtelois, les premiers faits à l'appui de ce système, en même temps que, là où on n'avait jusqu'alors envisagé qu'une série de phénomènes, il y avait en réalité succession chronologique et stratigraphique. Désormais les expressions *primaire, secondaire, tertiaire*, peuvent s'appliquer à nos formations des Alpes, du Jura et du plateau suisse, en attendant que de nouvelles observations permettent l'adoption de dénominations de second ordre.

IV

Retournons maintenant un peu en arrière, et voyons ce qui était advenu des publications relatives aux fossiles.

Remarquons tout d'abord que l'événement le plus important pour la zoologie et la botanique au dix-huitième siècle, l'apparition du *Système naturel* de Linné, devait exercer une influence non moins profonde sur la paléontologie.

En effet, malgré des contradictions nombreuses, l'opinion qui attribuait aux fossiles une origine organique avait pourtant fini par prévaloir, et on avait compris que ceux-ci devaient rentrer dans la nomenclature des êtres vivants. C'est en 1766 que le système de Linné, appliqué aux animaux et aux végétaux, reçut sa forme définitive. Le règne animal y est divisé en six classes, dont quatre d'animaux vertébrés et deux d'animaux invertébrés. De plus, grâce aux règles établissant le principe de la dénomination binaire, il allait être possible de sortir du chaos des déterminations basées sur des caractères multiples ajoutés à un qualificatif commun, tels que ceux de Scheuchzer (*anguille diluvienne, poisson diluvien*, etc.).

Le livre de Breynius sur les *Polythalames* et les *Echinides*, dont nous avons déjà parlé, avait paru en 1732, antérieurement au *Système naturel*. Il en fut de même du recueil de Knorr, qui parut par livraisons à Nuremberg, de 1755 à 1772, sous le titre de *Lapides diluvii testes*. Le texte, qui était rédigé à Jéna par un professeur appelé Em. Walch, n'a pas grande valeur, mais les superbes planches gravées par Knorr, rehaussées d'un coloriage à la main, représentent des fossiles de choix groupés d'une façon assez systématique. Ce sont d'abord des végétaux (parmi lesquels notre auteur range encore les dendrites), puis les poissons et crustacés de Solenhofen, les poissons des schistes cuivreux de la Thuringe. La plupart des Mollusques et Rayonnés (Crinoïdes, Polypiers) sont les figures des originaux de la collection de J.-J. d'Annone, de Bâle, et provenaient du Jura bâlois, soleurois et bernois. En outre, la bibliothèque de l'Université de Bâle possède une grande série de dessins coloriés, admirablement exécutés par le peintre Em. Buchel, d'après les fossiles du même savant. Une partie de ces dessins ont été gravés pour l'ouvrage intitulé : *Merkwürdigkeiten der Landschaft Basel*, par D. Bruckner, de 1748 à 1763.

Klein, rival de Linné, s'est aussi occupé des fossiles, principalement des oursins.

Enfin, un autre ouvrage, qui mérite également d'être signalé pour la belle exécution de ses planches de fossiles, est l'*Oryctographie de Bruxelles*, du chevalier de Burtin, publié en 1785. Appuyé des souscriptions de tous les hommes distingués du pays, l'auteur entreprit de figurer tous les produits minéraux des environs de Bruxelles. Les fossiles accidentels, comme il les appelle encore, sont de beaucoup les plus abondants. Ce sont des Poissons, des Tortues, des Crustacés, des Echinides et des Polypiers. Dans son mémoire, Burtin réfute les théories diluviennes par des arguments sérieux, en particulier en faisant ressortir l'association des fossiles dans certaines couches, l'absence de certaines classes dans d'autres. Ainsi, il constate qu'il n'a découvert aucune trace des Ammonites et des Bélemnites, si abondantes dans les roches calcaires de l'Allemagne, et il en conclut que la mer a occupé momentanément et à diverses reprises toutes les contrées où l'on découvre des coquilles fossiles.

Nous voici maintenant arrivés au moment où les savants français allaient donner une impulsion toute nouvelle à la paléontologie par leurs travaux si caractéristiques du commencement de ce siècle. Au risque de paraître vouloir retirer à Georges Cuvier une partie de la gloire qu'il s'est acquise, nous devons dire quelques mots des savants qui l'ont précédé, ou qui furent ses contemporains et ses rivaux.

C'est en 1802 que Faujas de Saint-Fond ouvrit au Muséum d'histoire naturelle le premier cours de géologie qui ait été donné en France. Ce cours fut publié en 1809, en trois volumes, dont le premier est exclusivement paléontologique, puisqu'il traite des *Animaux et des végétaux fossiles*. Nous y trouvons exposées avec la plus grande netteté plusieurs des lois relatives aux phénomènes de la fossilisation et de la succession des faunes et des flores fossiles. L'auteur étudie successivement un certain nombre de coquilles, de poissons, de cétacés, de reptiles et de quadrupèdes, dans leurs rapports avec les êtres vivants, concluant pour certains d'entre eux à une analogie complète, pour d'autres à des différences génériques et spécifiques plus ou moins évidentes.

Un second naturaliste de l'époque qui nous occupe est J.-B. de Lamarck, dont le mérite et la valeur furent malheureusement éclipsés par le retentissement des découvertes de Cuvier, aussi bien que par l'énoncé un peu prématuré de ses théories biologiques. Lamarck fut avant tout un zoologiste, mais la notice *sur les fossiles*, qui accompagne son *système des Animaux sans vertèbres*, démontre qu'il fut, avec Camper, Faujas, Blumenbach, l'un des premiers à envisager sainement la nature et l'origine des fossiles. Voici comment il s'exprime :

« La théorie de ceux qui envisagent tous les fossiles comme appartenant à des espèces perdues, détruites par un bouleversement universel, est un moyen fort commode pour ceux des naturalistes qui veulent tout expliquer, et qui ne prennent point la peine d'étudier la marche que suit la nature à l'égard de ses productions et de tout ce qui constitue son domaine. Il est très vrai que, sur la grande quantité de coquilles fossiles recueillies dans les différentes contrées de la terre, il n'y a encore qu'un fort petit nombre d'espèces dont les types analogues, vivants ou fossiles, soient connus. Néanmoins, quoique ce nombre soit fort petit, dès qu'on ne saurait le contester, il suffit pour que l'on soit forcé de supprimer l'universalité énoncée dans la proposition ci-dessus. »

Ces vues, nous venons de le dire, furent très vivement combattues par Georges Cuvier. Ce fut, disent ses historiens, dans le courant de l'année 1798 que celui-ci vit pour la première fois des ossements recueillis dans les plâtrières de Montmartre et qu'il entrevit l'application des découvertes qu'il venait de réaliser dans ses études de zoologie et d'anatomie comparée. C'est également à partir de cette époque qu'il publia successivement dans diverses revues, journaux et bulletins, les mémoires relatifs à l'ostéologie des animaux fossiles, et principalement des quadrupèdes, qui devaient plus tard être réunis dans son grand ouvrage : *Recherches sur les ossements fossiles*. Ce livre consacre, comme on le sait, le principe de la « subordination des caractères », ou si l'on veut, la corrélation des organes, en vertu duquel, étant donné une dent ou un osselet du pied d'un quadrupède, Cuvier estimait pouvoir reconstituer l'animal complet et fixer sa place comme genre et espèce dans la classification des êtres actuels.

On sait jusqu'à quel point les découvertes récentes ont conduit les paléontologistes à formuler des réserves à ce principe énoncé d'une façon en tout cas trop absolue.

La première édition des *Recherches* parut en 1812, avec le *Discours préliminaire*, qui n'est autre chose que la première partie du fameux *Discours sur les révolutions de la surface du globe*. On y trouve également la *Description minéralogique des environs de Paris*, pour laquelle Cuvier s'était assuré la collaboration de Brongniart. Ce travail nous intéresse, en ce qu'il constitue l'un des premiers essais de reconstitution géographique se rapportant aux temps géologiques. Les auteurs nous font connaître la disposition en forme de bassin, ou de cuvette, des couches du sol, qui sont relevées vers leur bord, et de plus en plus anciennes à mesure qu'on s'éloigne de Paris.

La superposition des assises et l'alternance des formations d'eaux douces et marines, caractérisées chacune par des formes particulières, sont des découvertes de la plus grande importance et constituent l'un des mérites les plus sérieux de ce mémoire.

Aussi est-il impossible de comprendre comment, après avoir étudié ces formations, régulièrement stratifiées, n'ayant subi aucun changement, dans lesquelles on trouve même des squelettes entiers de quadrupèdes ensevelis dans l'argile, des coquilles intactes dans les sables et le calcaire grossier, il est impossible, disons-nous, de comprendre comment l'un des auteurs a pu, dans son discours, parler non seulement de *révolutions*, mais de *catastrophes*, *d'événements terribles*, de *calamités*, *d'irruptions violentes de la mer*, de *retraites subites* et même de *victimes* de ces catastrophes (absolument comme Scheuchzer et Bourguet parlant du Déluge).

Mais n'en disons pas davantage et résumons en quelques mots les faits acquis dans le domaine de la paléontologie dès le commencement du dix-neuvième siècle.

Les fossiles ne sont plus les *témoins du Déluge*, les vestiges de révolutions ou de catastrophes subites et instantanées, mais bien les *témoins de la création*, ou pour mieux dire, les témoins du développement successif et régulier des êtres organisés. Les *temps géologiques* sont incommensurables ; ils nous reportent bien au delà du moment où l'homme est apparu à la surface de la terre. Avant lui, des faunes et des flores variées se sont succédé au sein des océans, comme à la surface des continents.

Désormais le naturaliste entrevoit le but auquel il doit atteindre : établir l'ordre de succession des formes organiques par l'étude de leurs débris dans les assises superposées. La *paléontologie* et la *géologie* vont succéder à la géognosie, tout comme la chimie s'est substituée à l'alchimie, l'astronomie à l'astrologie.

Le mouvement scientifique, dont nous venons d'esquisser les principaux traits, devait avoir et eut en effet son retentissement en Suisse. C'est à Brongniart qu'il appartenait de réveiller les observateurs de notre pays, en établissant un rapprochement entre des formations géologiques de même âge, mais de nature assez dissemblable. Ce fut, dit M. Alphonse Favre, en voyant dans la collection De Luc à Genève les fossiles de la Perte-du-Rhône et de la Montagne des Fiz, que ce savant conçut la première idée d'identifier, sous le rapport de l'âge et au moyen des fossiles, des terrains placés à une grande distance les uns des autres.

Cette première révélation, qui suivait de près l'*Essai sur les environs de Paris*, fut le trait de lumière qui devait entraîner Bernhard Studer dans l'étude des formations de grès, connues en Suisse sous le nom de Molasse. Sous le titre de *Contributions pour une Monographie de la Molasse*[1], on vit paraître, en 1825, un volume de 400 pages, dans lequel la paléontologie est appliquée pour la première fois en Suisse à la détermination de l'âge des terrains, corrélativement à la superposition des assises, que l'auteur sait fort bien distinguer d'ailleurs sous le rapport de leur origine marine *(Muschelsandstein)*, ou lacustre *(Süsswasserbildung)*.

Presque en même temps, P. Merian entreprenait également ses premières recherches sur les formations calcaires, du canton de Bâle d'abord, puis des régions avoisinantes de Soleure. L'imperfection des connaissances paléontologiques devait malheureusement constituer de sérieuses difficultés, lorsqu'il s'agit de paralléliser les diverses assises dont la superposition venait d'être reconnue. Il en fut de même pour Rengger, d'Aarau, pour Hugi, de Soleure, et plus tard encore, pour Gressly et pour Thurmann.

A Neuchâtel, MM. Aug. de Montmollin et L. Coulon, inspirés peut-être par les souvenirs qu'avait laissés Léopold de Buch et peut-être aussi par le *Traité des pétrifications*, de Bourguet, se mirent en 1825 à recueillir les fossiles de la marne bleue de Hauterive et des environs de Neuchâtel. En 1828, M. de Montmollin portait à Paris les échantillons les plus remarquables, et admis par Brongniart à faire quelques re-

[1] *Beiträge zur einer Monographie der Molasse*. Berne. 1825.

cherches dans sa collection, aidé des géologues qu'il rencontra, il put se convaincre que la pierre jaune de Neuchâtel et la marne qui l'accompagne ne font point partie de la formation du Jura, comme on l'avait cru, mais que ces couches constituent la partie inférieure du terrain crétacé, qu'on appelait encore à cette époque *grès-vert* ou *green-sand*.

Enfin, à Zurich apparaissait, dans la personne de Arnold Escher, celui qu'on pourrait appeler le Nestor de la géologie des Alpes, en ce sens qu'il eut plus que tout autre sous les yeux les formations sédimentaires fossilifères du Mont Pilate, du Sentis, des Alpes de Schwyz, de Glaris, etc.

Ainsi, de toutes parts, dans le Jura, dans les Alpes, dans la plaine, surgissait une vaillante cohorte d'observateurs, dont le zèle et l'ardeur allaient en peu d'années réunir les éléments de la première *Carte géologique de la Suisse*. Enfin, d'abondantes récoltes de fossiles devaient fournir des matériaux inépuisables aux naturalistes et les engager à délaisser les plantes et les animaux actuels; tel fut en effet le cas pour quelques-uns des paléontologistes [1] dont nous allons nous occuper.

V

Louis Agassiz, dont la famille était originaire d'Orbe, au canton de Vaud, est né en 1807 à Môtier, au bord du lac de Morat, où son père était pasteur; il étudia successivement à Lausanne, à Zurich, à Heidelberg et à Munich, où il fut reçu docteur en philosophie en 1829; il était alors âgé de vingt-deux ans. Deux ans plus tard, il obtenait le diplôme de docteur en médecine, mais après une année de séjour au sein de sa famille, entraîné par sa passion pour les sciences naturelles, il se détermina à partir pour Paris, afin d'y travailler plus aisément à sa grande entreprise, l'étude des poissons fossiles. Reçu d'abord par Georges Cuvier « avec une politesse extrême, jointe à une grande froideur », il ne tarda pas à conquérir la confiance du maître qui, renonçant à ses projets, lui confia les matériaux qu'il avait recueillis sur les poissons fossiles. Il en fut de même d'Elie de Beaumont et de Brongniart, qui mirent à la disposition du jeune Suisse les collections publiques et particulières qu'ils administraient.

La mort de Cuvier, survenue peu de temps après qu'il eut accordé ce témoignage de confiance au nouvel adepte de la science, fut sans doute la cause pour laquelle Agassiz n'exécuta pas son travail à Paris, ce qui nous valut son retour en Suisse et finalement

[1] Il nous a paru intéressant de rechercher à quelle date le mot paléontologie est entré dans le langage scientifique, et voici ce que nous avons trouvé : le trente-septième volume du *Dictionnaire des sciences naturelles*, publié en 1825, renferme le mot *paléozoologie*, défini par Blainville : « on désigne par ce mot, tiré du grec, la branche de l'histoire naturelle qui considère les animaux fossiles. » Quant au mot paléontologie, il ne figure pas dans l'ouvrage, mais il a dû faire son apparition peu de temps après.

son établissement à Neuchâtel, où il fut nommé professeur d'histoire naturelle en 1832, presque exactement un siècle après la nomination de Bourguet comme professeur de philosophie dans cette ville.

La première livraison des *Recherches sur les poissons fossiles* fut publiée en 1833; les suivantes parurent plus ou moins régulièrement jusqu'en 1843, avec les planches admirablement dessinées dans l'établissement lithographique fondé par H. Nicolet, à Neuchâtel. Avec la dernière livraison, Agassiz publia ses *Conclusions*, qui, malgré leur étendue plus modeste, peuvent être mises en regard du grand *Discours* de Georges Cuvier. Comme celui-ci, Agassiz avait voulu terminer par une profession de foi scientifique, dont nous croyons devoir reproduire quelques passages.

« Plus de quinze cents espèces de poissons fossiles, que j'ai appris à connaître, me disent que les espèces ne passent pas les unes aux autres, mais qu'elles apparaissent inopinément, sans rapports directs avec leurs précurseurs. Toutes ces espèces ont une époque fixe d'apparition et de disparition; leur existence est même liée à un temps déterminé ».

Agassiz, comme on le voit, partage encore en plein les vues et les idées de Cuvier, quoique, à la vérité, il nous parle moins affirmativement de révolutions et de catastrophes, mais bientôt il ajoute :

« Cependant, ces espèces présentent dans leur ensemble des affinités nombreuses, plus ou moins étroites, une coordination déterminée, dans un système d'organisation donné et qui a des rapports intimes avec le mode d'existence de chaque type, et même de chaque espèce. Il y a plus, un fil invisible se déroule dans tous les temps à travers cette immense diversité, et nous présente, comme résultat définitif, un progrès continuel dans ce développement dont l'homme est le terme, dont les quatre classes d'animaux vertébrés sont les intermédiaires, et la totalité des animaux sans vertèbres l'accompagnement accessoire et constant. »

Ces « affinités nombreuses », ce « fil invisible aboutissant à un progrès continuel », ne sont-ils pas une reconnaissance implicite de la doctrine que nous verrons plus tard énoncée par les paléontologistes contemporains, et en particulier par Oswald Heer dans ses *Conclusions sur la flore tertiaire de la Suisse*, ainsi que dans le *Monde primitif?*

C'est que, disons-le bien, rien n'était plus propre à entretenir ces illusions sur la valeur absolue de l'espèce que l'insuffisance des matériaux dont on disposait, jointe au fait de prendre pour base de démonstrations les animaux supérieurs, les vertébrés, chez lesquels les modifications morphologiques se manifestent d'une façon incontestablement plus accusée que chez les invertébrés.

Au reste, Agassiz, dans le cours même de son travail, avait pu se convaincre de l'immensité de la tâche qu'il venait d'entreprendre[1], et de la nécessité de la reprendre en sous-œuvre, sous forme de monographies particulières, telles que celle des *Poissons*

---

[1] « Vous poursuivez une œuvre qui fuit constamment devant vous, lui écrivait A. de Humboldt. Finissez d'abord ce que vous possédez en décembre 1839 et recommencez, si le métier ne vous répugne pas, à publier des suppléments en 1847. »

fossiles du vieux grès-rouge[1], dont la plupart des matériaux provenaient d'Écosse et aussi en partie de Russie.

Mais la prodigieuse activité d'Agassiz ne pouvait être satisfaite par ce seul sujet d'études; aussi, sans parler de ses *Recherches* sur les glaciers actuels et sur la période glaciaire, devons-nous dire quelques mots de ses *Monographies sur les Mollusques et les Echinodermes fossiles*.

Tout d'abord, il trouve dans les fossiles de la marne et du calcaire jaune, recueillis par M. Aug. de Montmollin, les matériaux d'une première étude sur les Echinodermes de ce terrain, la plupart encore inconnues, et dont il donne pour la première fois une description et des figures satisfaisantes[2].

Presque en même temps, il rédigeait son *Prodrome d'une monographie des Radiaires ou Echinodermes*[3]. Plus tard, en 1839 et 1840, parurent les *Echinodermes de la Suisse*, les *Monographies d'Echinodermes vivants et fossiles*[4], ainsi que le *Catalogue des Moules d'Echinodermes du Musée de Neuchâtel*[5], entreprise méritoire, à une époque où les documents étaient encore peu nombreux, et où après avoir été étudiés, les originaux devaient faire retour à leurs propriétaires.

Toujours plus convaincu du principe de la fixité et de l'immutabilité de l'espèce, Agassiz n'avait pu admettre les déterminations en vertu desquelles on établissait l'*identité* entre certains mollusques des mers actuelles et ceux des couches géologiques récentes. Aussi, cherchant dans les caractères internes de la coquille les éléments de comparaison qui faisaient défaut à l'extérieur, il fit mouler, soit en plâtre, soit en métal un grand nombre de types qui furent utilisés dans ses *Monographies sur les Moules de mollusques vivants et fossiles*[6], dans les *Etudes critiques sur les Mollusques fossiles*[7] etc., ainsi que dans un grand nombre d'articles insérés dans les revues et annales françaises, anglaises, allemandes et même russes.

Bien plus, ne pouvant, comme il l'eût désiré, s'occuper de toutes les divisions du règne animal, Agassiz trouva un moyen de réaliser, d'une manière indirecte, ce côté du programme. En 1812, le géologue anglais Sowerby avait commencé, sous le titre de *Conchyliologie minérale de la Grande-Bretagne*, une description accompagnée de figures, de tous les mollusques de sa collection. Cet ouvrage étant d'un prix exhorbitant, Agassiz, d'accord avec l'auteur et secondé par Ed. Desor, en entreprit la traduction, accompagnée de notes en allemand et en français[8]. Malheureusement, l'absence

---

[1] *Monographie des poissons de l'Old red Sandstone*. Un volume avec quarante planches, folio. Neuchâtel, 1844.

[2] *Notice sur les fossiles du terrain crétacé du Jura neuchâtelois. Mémoire de la Société des sciences naturelles de Neuchâtel*. T. I. 1836.

[3] *Mémoires de la Société des sciences naturelles de Neuchâtel*, 1, 1835.

[4] Quatre livraisons avec 57 planches. Neuchâtel, 1838.

[5] *Catalogus systematicus Ectyporum Echinodermatum*. 1 vol. 1840.

[6] Un volume avec 10 planches. Neuchâtel, 1839.

[7] Quatre livraisons avec 100 planches. Neuchâtel. 1840-1845.

[8] Deux volumes avec planches. Soleure, 1845.

de tout système de classification zoologique ou stratigraphique, aussi bien que d'une critique comparée des espèces, a donné lieu à une grande confusion de la part de ceux qui s'en sont servis pour déterminer les fossiles du continent.

Un autre ouvrage, aussi traduit de l'anglais en allemand par Agassiz, est la *Géologie et Minéralogie de Buckland,* dont le mérite principal consiste dans ses planches, gravées et imprimées en Angleterre, en nombre suffisant pour l'édition allemande de Neuchâtel. A ce point de vue, le livre de Buckland est, pour les vertébrés, un complément de Sowerby. Ajoutons encore que, dans le texte, l'auteur s'inspire des tendances de la *théologie naturelle,* ainsi que l'indique du reste le titre [1].

Nous avons déjà, à propos des poissons fossiles, fait connaître les vues philosophiques d'Agassiz; nous ne retrouvons rien de semblable dans les travaux sur les Echinodermes et les Mollusques, mais nous savons que l'étude de ces fossiles n'avait modifié en rien ses idées sur la fixité de l'espèce.

A la veille de son départ pour l'Amérique, il fit à Neuchâtel un cours public sur le *Plan de la création,* qui, comme il dit lui-même, était en quelque sorte son testament scientifique. Il se proposait « de démontrer dans l'organisation du règne animal l'existence d'un plan préconçu et successivement réalisé, ou d'autres termes, la manifestation d'une pensée supérieure, de la pensée de Dieu. »

Plus tard encore, dans son livre sur l'*Espèce*[2], il a cherché à prouver le bien fondé de ses conclusions, dans une série d'arguments et de démonstrations, que d'aucuns admettent comme sans réplique, tandis que d'autres persistent à considérer la classification à un point de vue purement pratique et susceptible des modifications que comportent les observations et les découvertes incessantes des naturalistes.

L'heureuse impulsion donnée par Agassiz à l'étude des fossiles ne devait heureusement pas s'évanouir à son départ pour l'Amérique, et il était réservé à un jeune professeur de l'Académie de Genève de donner à la nouvelle science une consécration définitive et désormais universelle.

François-Jules Pictet, né à Genève en 1809, élève du collège, puis de l'Académie, avait étudié les langues anciennes, les mathématiques et les sciences naturelles. En 1830 il partait pour Paris, où il se lia avec les illustrations scientifiques de l'époque.

Dès son retour à Genève en 1835, il fut chargé du cours d'anatomie zoologique, qu'il devait illustrer pendant près de trente ans. Frappé, dès le début de ses leçons, de l'importance qu'il y avait de connaître les animaux qui ont précédé la création actuelle, il se mit à réunir les matériaux qui devaient former son *Traité de paléontologie,* dont la première édition parut en 1844.

Il n'existait encore aucun ouvrage de ce genre; ceux de Geinitz, de Bronn, de Quenstedt, de Giebel en Allemagne, de Marcel de Serres et d'Alcide d'Orbigny, qui firent tôt après leur apparition, étaient tous conçus sur un plan différent, aussi la première

---

[1] *Geologie und Mineralogie in Beziehung zur natürlichen Theologie.* Neuchâtel, 1839.
[2] *De l'espèce et de sa classification en géologie.* Trad. de l'anglais. Paris, 1869.

édition ayant été promptement épuisée, Pictet en fit paraître en 1854 une seconde, revue et considérablement augmentée, en quatre volumes, in-8° de 2800 pages, et un atlas de cent dix planches avec plus de 2000 figures de fossiles de toutes classes et des genres et espèces caractéristiques. C'était, pour tout dire, une Encyclopédie zoologique et géologique de tout ce qui, à cette époque, avait été publié sur les fossiles, mais dans l'élaboration de laquelle il avait fallu néanmoins trier, éliminer une foule de documents d'une valeur contestable ou douteuse.

Une première partie du *Traité* renferme les *considérations générales* sur l'histoire de la paléontologie, la fossilisation, la distribution des fossiles dans les terrains, les causes auxquelles on peut attribuer le renouvellement des faunes, etc. L'auteur établit dans ce chapitre dix lois générales qui, de nos jours encore, peuvent, avec quelques réserves, soutenir sans trop de peine l'épreuve d'une critique raisonnée. Quant à la classification des terrains, elle se ressent naturellement de l'incertitude et de l'ignorance dans laquelle on était encore à cette époque au sujet du synchronisme des formations signalées dans les différentes contrées du globe, sur l'absence de bases pour les divisions de premier et de second ordre, terrains, étages, etc. Provisoirement, Pictet admet quatre *périodes*, subdivisées en *terrains* correspondant à peu près aux *étages* de d'Orbigny, au nombre de vingt-cinq [1].

Ce qui caractérise d'une façon toute particulière le *Traité de paléontologie* et, d'une manière générale l'œuvre de Pictet, c'est une très grande prudence, unie à une loyauté parfaite dans l'appréciation des ouvrages dont il rendait compte. Jamais on ne le vit chercher ou saisir les côtés faibles d'une argumentation, alors même que celle-ci conduisait à des conséquences en opposition avec sa manière de voir. Voici, par exemple, ce qu'il dit au sujet de la distribution des fossiles :

« Les faits connus aujourd'hui en paléontologie prouveront, je crois, à tout esprit non prévenu, que la spécialité des fossiles (prévue dans la seconde loi) est la règle générale, mais qu'en même temps ce n'est pas une règle sans exceptions... Il est d'ailleurs naturel que les premiers observateurs aient été plus frappés des analogies que des différences. L'examen superficiel montre plus vite les premières, et les secondes exigent plus de travail. La même chose a lieu pour les animaux vivants, dont les auteurs ont souvent groupé sous un même nom plusieurs espèces voisines que leurs successeurs ont séparées, etc... Plusieurs géologues admettent au moins vingt-cinq à trente étages distincts, et par conséquent un nombre égal de faunes successives ; il n'est pas certain que la spécialité des fossiles existe également pour tous, etc. »

La dixième loi, conçue en ces termes : *Les animaux fossiles ont été construits sur le même plan que les animaux actuels, et leur vie a dû se manifester par des actes physiologiques identiques*, est des plus catégoriques et ne comporte presque aucun développement. Les nombreux animaux fossiles qui ont été étudiés n'apportent aucune modification aux lois d'anatomie comparée.

---

[1] Nous verrons plus loin comment Pictet se vit dans le cas d'admettre un bien plus grand nombre de divisions et même de subdivisions.

Quant aux *causes du renouvellement des faunes zoologiques*, nous trouvons au sujet de l'explication connue sous le nom de *théorie des créations successives* les trois remarques suivantes. La première est que sa discussion n'est guère du domaine de l'appréciation scientifique. La seconde établit l'incapacité où nous sommes de rien établir par son moyen, puisque nous ne pouvons pas apprécier le mode d'action de la force qu'elle invoque. Enfin, et comme conséquence, ce mot *créations successives* a l'inconvénient de ne pas laisser assez de latitude et d'exclure la possibilité que les êtres de chaque faune successive puissent provenir de ceux qui les ont précédés par l'effet de quelque loi inconnue autre que la génération normale, dont les générations alternantes peuvent donner peut-être une idée approximative.

Ce que nous venons de dire suffira pour faire comprendre « l'évolution », qui se préparait dans les idées de Pictet et dont nous aurons bientôt l'occasion de constater les manifestations pratiques.

Le nom d'Ed. Desor qui fut, à l'époque des *Excursions et séjours dans les Alpes*, intimement lié à celui d'Agassiz, figure aussi dans les œuvres de ce paléontologiste, comme collaborateur au *Catalogue raisonné des Echinodermes* et comme principal traducteur de la *Conchyliologie minérale* de Sowerby. Né en 1811, près de Francfort-sur-le-Mein, il était devenu, après ses études, secrétaire d'Agassiz, et de plus « son commensal et son ami. » Séparés momentanément, ils se rejoignirent en Amérique, et Desor eût probablement terminé sa carrière dans ce pays, sans un appel de son frère, le docteur Fritz Desor qui, atteint d'une maladie grave, l'invitait à revenir à Neuchâtel, en 1852.

Nommé professeur de géologie au gymnase, qui avait survécu à l'Académie, dissoute à la Révolution de 1848, Desor, que la fortune héritée de son frère avait rendu indépendant, inaugura une nouvelle activité scientifique, qui se manifesta dans différents domaines, mais surtout dans l'étude des Echinides, qu'il connaissait mieux que tout autre naturaliste. Pendant son absence, le nombre des espèces connues avait considérablement augmenté, et des ouvrages spéciaux avaient été publiés par E. Forbes et par Wright, en Angleterre, par Alcide d'Orbigny, Sorignet, et Cotteau, en France, etc. Desor entreprit, sous le titre de *Synopsis des Echinides fossiles* [1], une révision totale des espèces de cette classe des animaux rayonnés. L'abondance des oursins, à partir des terrains secondaires et jusqu'à l'époque actuelle, leur état de conservation souvent parfait, joint à la délicatesse des détails de leur enveloppe calcaire, légitimaient l'entreprise de Desor et font de cet ouvrage un résumé paléontologique toujours précieux à consulter. Un atlas de quarante-quatre planches représente les types de chaque genre, supérieurement dessinés. Le nombre des espèces fossiles s'élève à 1415, alors que le *Catalogue raisonné* en annonçait seulement 1010, tant vivantes que fossiles.

Tout en travaillant à son *Synopsis*, Desor avait pu se convaincre journellement que la découverte de nouvelles espèces, en Suisse seulement, nécessitait la publication

---

[1] Un volume de 500 pages et 11 planches in-8°. Paris, 1858.

d'un nouvel ouvrage spécial pour cette classe de fossiles. Apprenant que M. P. de Loriol, de Genève, avait de son côté réuni d'importants matériaux, il lui confia ses notes et documents, et l'on vit paraître de 1868 à 1872, l'*Echinologie helvétique*, splendide recueil, qui rivalise avec les plus importantes publications de ce genre. Pour les Echinides de la période jurassique seulement, on compte soixante-une planches renfermant les figures de plus de 200 espèces, provenant toutes de gisements suisses. Cette monographie se termine par des *Remarques sur le rôle des Echinides dans la formation jurassique et leur évolution dans la série organique*. Ainsi que le montre le titre, Desor admet l'évolution, au moins dans une certaine mesure, car il ne peut raisonner que sur les formes jurassiques. Or, parmi celles-ci, il en est qui accusent incontestablement soit des modifications graduelles résultant des changements du milieu, soit une persistance de caractères spécifiques à travers plusieurs assises de terrains, ce qui précédemment n'était pas admis par les paléontologistes.

« Quelle que soit, dit-il, l'opinion qu'on se fasse de ces transformations, qu'on les adopte ou qu'on les rejette comme des chimères, ce qui est certain, c'est que ces traits d'union, ces différences presque insensibles entre des espèces et des genres d'une même famille se rencontrent d'ordinaire entre deux formations contiguës, mais séparées par un dépôt plus ou moins exceptionnel, qui suppose des changements dans les conditions d'existence et à leur suite probablement des migrations temporaires.

« ... Quelle est maintenant la signification de toutes les évolutions de l'ordre des Echinides ? On ne saurait douter qu'elles ne constituent un progrès. Le groupe, dans son ensemble, va en se perfectionnant d'âge en âge et, sous ce rapport, il est à l'unisson avec les autres divisions du règne animal. »

Par suite de circonstances diverses, la publication en commun par Desor et de Loriol, de l'*Echinologie helvétique*, s'arrêta aux espèces jurassiques. Celle des terrains crétacés et tertiaires fut faite par M. de Loriol seul ; nous y reviendrons plus loin.

Oswald Heer est né à Niderutzwyll au canton de Saint-Gall, en 1809. Fils d'un pasteur, comme Agassiz et tant d'autres de nos géologues suisses, il se voua d'abord aux études théologiques, tout en conciliant celles-ci avec les sciences naturelles. Consacré au saint ministère en 1831, et invité l'année suivante à remplir les fonctions pastorales à Schwanden, dans le canton de Glaris, il choisit définitivement la carrière de naturaliste. D'abord privat-docent, puis professeur à l'Université de Zurich, et enfin au Polytechnicum, lors de sa fondation en 1855, il déploya pendant près d'un demi-siècle une activité remarquable dont nous ne pouvons donner ici qu'une idée bien imparfaite.

Ses premières publications sur les fossiles datent de 1847, et eurent d'abord pour objet les *Insectes fossiles des terrains tertiaires d'Œningen et de Radoboj en Croatie* [1]. Nul mieux que Heer n'était qualifié pour mener à bien cette étude d'une classe d'animaux sur laquelle on ne possédait encore que des documents très incomplets. L'un

[1] *Mémoires de la Société helvétique des sciences naturelles.* T. VIII, XI et XIII.

des premiers, il comprit que le développement des insectes était intimetment lié à celui des végétaux terrestres. Mais c'est surtout dans la paléontologie végétale qu'il devait
laisser le principal monument de ses travaux.

Voici, indépendamment d'une multitude de notices et brochures, les titres de ses
quatre grands ouvrages :

1. La *Flore tertiaire de la Suisse*, publiée de 1855 à 1859, en trois volumes in-folio,
avec 156 planches, représentant 920 espèces de plantes fossiles ;

2. La *Flore fossile de la Suisse*, 1876-1877, un volume in-folio, et 70 planches de
plantes fossiles des périodes triasique, jurassique, crétacée et éocène de la Suisse ;

3. Le *Monde primitif de la Suisse*, 1re édition, 1864, 2e édition, 1879, traduit en
français, en anglais et en hongrois ;

4. La *Flore fossile des régions polaires*, 1868-1883. Sept volumes in-folio, avec 396
planches.

Sous le titre de *Recherches sur le climat et la végétation du pays tertiaire*, C.-T.
Gaudin, de Lausanne, a publié en 1861 une traduction française du premier de ces
ouvrages. Elle est dédiée, par l'auteur et le traducteur, à *Sir Charles Lyell, l'illustre
réformateur de la géologie*[1]. Cette traduction, est-il dit dans la préface, peut être considérée comme une nouvelle édition notablement améliorée et enrichie d'un grand
nombre d'adjonctions. En effet, laissant de côté la description des espèces, les auteurs
nous donnent, dans une série de chapitres, une stratigraphie de la molasse suisse, des
aperçus sur les conditions de la flore tertiaire dans les divers gisements de plantes
reconnus et étudiés, et enfin une étude analogue sur les gisements de feuilles fossiles
en Italie, en Allemagne, en France, en Angleterre, en Afrique, en Asie, en Amérique.

Le *Monde primitif de la Suisse* est conçu sur un plan assez différent des autres
ouvrages de Heer. Il a été traduit par M. Isaac Demole, en 1871, avec corrections et
additions de l'auteur.

La partie scientifique y occupe un rang secondaire ; elle est remplacée par des vues
d'ensemble et des considérations générales, mises à la portée du public lettré. L'auteur
aborde les grandes questions philosophiques relatives à l'origine des espèces, à leurs
modifications et à leurs transformations. C'est une suite de tableaux ou de paysages
dans lesquels l'auteur nous transporte dans le passé et présente à nos yeux les aspects
variés des faunes et des flores tantôt marines, tantôt terrestres, qui ont successivement animé la surface du sol suisse. Nous ne pouvons, naturellement, songer à en
donner une analyse, si résumée fût-elle. Mais une citation suffira pour faire comprendre
les conclusions auxquelles Heer était arrivé en ce qui concerne les végétaux tertiaires.

Voici comment il s'exprime dans le chapitre qui a pour titre : *Comparaison des
plantes de notre molasse avec celles de notre flore actuelle*[2] :

[1] Cette dédicace est significative à nos yeux, en ce que Lyell était devenu le champion des théories
relatives à l'influence des causes actuelles, en opposition à celle des cataclysmes et des bouleversements,
qui avait si longtemps prévalu chez les géologues.

[2] *Monde primitif*, p. 122. Voir aussi *Recherches*, etc., p. 56.

« ...La conformité des plantes miocènes avec les nôtres va donc jusqu'aux genres et, dans fort peu de cas, jusqu'aux espèces ; ces dernières diffèrent presque toutes des espèces vivantes ; mais, pour un nombre considérable, la différence est si minime qu'elle suffit à peine à établir la limite spécifique. J'appelle ces espèces *homologues,* et je suis d'avis qu'elles sont les ancêtres des espèces actuelles, qui sont par conséquent les descendants de leurs homologues miocènes. Nous avons dans notre molasse soixante-douze espèces, formant environ 9 °/₀ du monde végétal vasculaire, que l'on peut considérer comme les homologues de plantes vivant encore. Parmi les espèces de notre flore tertiaire, qui ont ainsi des liens d'étroite parenté avec les espèces vivantes, je puis citer les suivantes (suit l'indication des espèces vivantes et fossiles).

« Ces espèces ont avec celles de notre flore un degré de parenté si rapproché qu'il est probable qu'elles ont avec elles un rapport génétique complet. A côté d'elles, il y en a d'autres fort nombreuses qui, quoique s'éloignant plus que les précédentes de leurs congénères, leur ressemblent beaucoup ; je les nomme *analogues.* »

Si l'on ajoute celles-ci aux précédentes (homologues), on arrive à un total de 375 espèces, soit plus de 40 °/₀ accusant cette parenté à un degré quelconque.

La *Flore primaire et secondaire de la Suisse,* composée de trois livraisons [1], a paru quelques années après la *Flore tertiaire.* Ce domaine de la science est loin de présenter, dans notre pays, une importance comparable à celle de l'époque dont nous venons de parler. En revanche, la notoriété que s'était acquise leur auteur lui valut les témoignages de haute confiance des savants du monde entier et eut pour conséquence la publication des monographies qui ont pour objet la *Flore fossile des régions polaires* [2], c'est-à-dire la description des empreintes végétales recueillies par les différentes expéditions qui les ont visitées depuis une trentaine d'années. Ce fut en effet une profonde surprise pour les géologues d'apprendre qu'au milieu des régions glacées voisines du pôle, il existait autrefois une végétation composée d'espèces *analogues,* sinon *identiques* à celles de notre molasse tertiaire, elles-mêmes *homologues* ou analogues de celles de la flore subtropicale actuelle de Madère, des Canaries, de la Chine, de Ceylan ou du Mexique.

Que nous voilà loin de Scheuchzer et de son *Herbarium diluvianum !* Non seulement Heer a créé la « Paléophytologie », ou science des végétaux fossiles, mais encore il a fait école, et la postérité conservera le souvenir de ce savant, dont la modestie n'avait d'égale que son génie.

C'est en quelque sorte l'exemple de Heer qui a entraîné des savants, tels que le comte de Saporta, dans les recherches paléophytologiques. Léo Lesquereux, de son côté, a appliqué avec bonheur dans le Nouveau Monde les principes de la détermination des végétaux fossiles des Etats-Unis d'Amérique, et nous verrons plus loin Ch.-T. Gaudin, son ami, traducteur de la *Flore tertiaire,* rédiger lui-même plusieurs monographies importantes sur les végétaux tertiaires de l'Italie.

[1] *Flora fossilis helvetiæ.* Zurich. 1876-1877.
[2] *Flora fossilis der Polarländer.* 1868-1883.

VI

Il est incontestable que l'adoption du principe de la classification des fossiles, d'après les systèmes appliqués aux êtres vivants, a singulièrement facilité la tâche des paléontologistes pendant la première moitié de notre siècle. Aussi peut-on regretter qu'une entente analogue n'ait pu s'établir relativement à la classification des assises sédimentaires, sur laquelle actuellement encore on est loin de s'entendre. Que l'on compare à ce sujet les divers tableaux des terrains, adoptés par Agassiz, Pictet, Desor, Heer, etc., dans leurs mémoires paléontologiques, on verra qu'il y a désaccord sur une foule de points, relativement aux limites des terrains, des formations, des étages. La terminologie elle-même est souvent si peu d'accord que l'on est à se demander comment les auteurs entendaient les lois formulées dans leurs écrits. En disant par exemple qu'aucune espèce ne passe d'un terrain dans un autre, et en distinguant huit « terrains » dans le groupe jurassique, Pictet n'était nullement d'accord avec ses confrères suisses et encore moins avec les géologues étrangers, les uns qui établissaient des subdivisions plus nombreuses, les autres qui en réduisaient le nombre à trois ou quatre. Ajoutons à cela que, bien rarement, les paléontologistes se trouvaient dans le cas de décrire des fossiles qu'ils avaient recueillis eux-mêmes. Presque toujours les géologues étaient, — on voudra bien nous pardonner cette expression — « les pourvoyeurs » des savants de cabinet, en sorte que ceux-ci ne disposaient que des informations plus ou moins sûres qui leur étaient transmises. Ajoutons encore que les « traités élémentaires de géologie, » qui commençaient à paraître, avaient soin de donner, pour chaque division ou étage géologique, une liste de soi-disant « fossiles caractéristiques » qui, bien souvent, faisaient défaut à mesure qu'on s'éloignait de la région où ils avaient été signalés. Enfin, et comme pour augmenter encore la confusion et l'anarchie, les géologues se voyaient forcés d'établir une nomenclature formée de mots empruntés non seulement aux différentes langues mortes et vivantes, mais encore aux expressions populaires. Ainsi, le « Lias, » emprunté aux Anglais, la « Molasse, » mot qui n'est répandu qu'en Suisse, etc.

Un moment on put croire que l'entente serait possible ; ce fut lorsque, vers 1850, Alcide d'Orbigny proposa la nomenclature qui a pour base les noms d'étages avec la terminologie en *ien (Etage Néocomien, Etage Portlandien)*. Mais il fallut bien vite reconnaître l'impossibilité d'une application générale et pratique, répondant aux idées du savant français qui l'avait proposée. Bien des années encore devaient s'écouler avant que les géologues songeassent à introduire, sinon l'uniformité, au moins une entente sur la signification et la hiérarchie des termes usités dans la nomenclature des terrains sédimentaires [1].

[1] Rappelons ici que c'est dans ce but qu'ont été organisés les Congrès géologiques internationaux, dont les sessions ont eu lieu à Paris, en 1878, Bologne, 1881, Berlin, 1885.

Comme on le voit, bon nombre de géologues n'étaient en réalité que de simples collectionneurs de fossiles, n'ayant entre eux que des relations indirectes. Pourtant, l'initiative personnelle de Thurmann, de Gressly, de Escher et Studer, qui venaient de publier leurs cartes géologiques, fit comprendre l'utilité d'un travail d'ensemble, groupant les efforts dispersés dans les différentes parties de la Suisse.

Grâce à une subvention annuelle de la Confédération et à la nomination d'une commission de la Société helvétique des sciences naturelles, on vit paraître, dès 1863, les livraisons successives des *Matériaux pour la Carte géologique de la Suisse*, accompagnant, pour la plupart, quelqu'une des vingt-quatre feuilles de l'*Atlas Dufour* au cent millième. Les études sur le terrain firent naturellement découvrir de nombreux et riches gisements fossilifères, dans lesquels les espèces se trouvaient associées dans des conditions qui fort souvent ne répondaient pas à la nomenclature des assises ou étages; de là la nécessité de renoncer, temporairement du moins, à ces généralisations que l'on avait d'abord cru pouvoir admettre.

Si nous ajoutons que, parmi les fossiles découverts, un très grand nombre ne pouvaient être déterminés au moyen des publications paléontologiques étrangères, on comprendra la nécessité qui s'imposait aux savants suisses d'entreprendre une revue critique de tous les matériaux, anciens et nouveaux, renfermés dans les collections particulières et dans les musées.

L'auteur du *Traité de paléontologie*, Pictet, avait été l'un des premiers à reconnaitre le danger qui résulte pour la science de cette impatience de généraliser les recherches et de conclure prématurément sur des données incomplètes. Adoptant dès lors une manière toute nouvelle de procéder, il commença la publication de ses recherches sous forme de monographies particulières, consacrées à la description des fossiles d'une ou de plusieurs assises, ou à celle d'un groupe particulier de fossiles considérés zoologiquement.

Déjà en 1850 il avait publié une *Description de quelques poissons fossiles du Mont Liban*, puis en 1853, la *Description des Mollusques fossiles qui se trouvent dans les grès verts des environs de Genève*. C'est en 1856 que parut la première livraison des *Matériaux pour la paléontologie suisse*. Nous ne pouvons mieux faire comprendre le programme et le but qu'il s'était imposé qu'en reproduisant quelques lignes de l'introduction à l'importante Monographie qui a pour titre: *Description des fossiles du terrain crétacé des environs de Sainte-Croix*:

« En commençant, sous le nom de *Matériaux pour la paléontologie suisse*, une série de monographies sur les fossiles du Jura et des Alpes, mon but principal était de réunir un certain nombre de faits incontestables sur la distribution géologique des espèces, sur l'époque d'apparition, la durée et l'extinction de chacune d'elles. J'ai recherché dans ce but quelques localités où l'on pût faire une coupe géologique parfaitement claire, où l'ordre de succession des terrains ne présentât aucun doute et où l'on n'eût pas à s'appuyer sur des rapprochements contestables, comme cela est nécessaire quand on embrasse un certain espace, comprenant des terrains dont les relations stratigraphiques

— 35 —

ne peuvent pas être observées directement. J'ai pensé qu'en décrivant avec soin les
fossiles d'une de ces coupes, et en notant exactement pour chacun d'eux l'étendue de
son existence et les espèces auxquelles il est associé, puis en faisant un travail analogue
sur d'autres coupes et d'autres localités, on arriverait mieux que par tout autre procédé
à établir ou à limiter les lois de la distribution des êtres organisés, etc. »

Afin d'assurer à son travail une garantie de plus sur l'exactitude rigoureuse des
coupes géologiques et des gisements fossilifères, Pictet s'était adjoint comme collaborateurs de chacune de ses monographies, les auteurs des notices géologiques qui en
constituaient la première partie. Pour celle de Sainte-Croix, ce furent MM. G. de Tribolet et le Dr Campiche. Ceux-ci avaient admis six étages, mais distinguaient douze
niveaux fossilifères. Ce furent ceux-ci que Pictet voulut prendre en considération pour la
partie descriptive des fossiles : « quitte, disait-il, à les réunir ou à les grouper, lorsque
le travail sera terminé, et en tenant compte des proportions numériques d'espèces
associées dans telle ou telle couche. »

Malheureusement, cette grande entreprise, qui constitue trois gros volumes in-4°,
comprenant plus de 2000 pages et 192 planches, n'a pu être terminée par son auteur
et, ce qui est particulièrement regrettable, la science a été privée du *Résumé paléontologique* qui devait couronner cette œuvre. Tout ce que nous en possédons consiste dans
quelques notices insérées dans les *Archives de la Bibliothèque universelle*. Nous pouvons les résumer en disant que les faunes successives de Sainte-Croix sont en général
distinctes par la presque totalité de leurs espèces. Mais cette indépendance ne se constate plus d'une manière aussi complète si l'on compare ces faunes de Sainte-Croix
avec les populations contemporaines sur une certaine étendue géologique. Les *passages*
d'espèces, les *mélanges* de faunes, s'accusent incontestablement, quoique d'une manière
inégale, suivant les divisions des animaux fossiles.

La *Description des fossiles du terrain Aptien*, en collaboration avec M. Renevier,
avait précédé celle de Sainte-Croix, et comprenait aussi principalement des invertébrés. Il n'en est pas de même des autres, qui sont consacrées aux vertébrés de diverses
classes et des divers terrains de notre pays.

Dans le *Mémoire sur les animaux vertébrés du terrain sidérolitique du canton de
Vaud*, avec vingt-huit planches, nous trouvons la faune remarquable des Mammifères
signalés par Cuvier dans les plâtrières de Montmartre. A côté des espèces connues,
Pictet en découvre de nouvelles dans des couches dont le facies diffère absolument
de celui-ci, puisqu'il doit son origine à des phénomènes terrestres.

La monographie des *Chéloniens de la Molasse suisse* nous révèle l'existence d'assez
nombreuses espèces de Tortues appartenant à des genres vivants, surtout terrestres et
d'eau-douce[1].

Dans la *Description des fossiles du terrain néocomien des Voirons*, nous trouvons

[1] Un Mémoire récent de M. Portis, dans les *Mémoires de la Société paléontologique suisse*, fait connaître les découvertes postérieures.

une faune ichtyologique presque absolument différente de celle du néocomien type, tel qu'il se présente dans le Jura. Le groupe des Clupes, déjà rencontré dans les couches du Liban, se trouve avec des espèces rapprochées de nos poissons actuels.

Dans les *Reptiles et poissons fossiles de l'étage virgulien du Jura neuchâtelois*, qui ne sont guère plus anciens, ce sont, en revanche, des genres disparus de la création actuelle, remarquables par leurs mâchoires formées de dents disposées en pavé, propres à broyer les coquillages marins, et non plus à déchirer une proie, comme par exemple les dents aiguës des requins.

Signalons enfin les *Mélanges paléontologiques*, autre série de monographies, ayant pour objet l'étude de fossiles étrangers à notre pays, mais que Pictet envisageait utile de faire connaître à titre de comparaison.

Nous ne pousserons pas plus loin l'analyse des divers travaux paléontologiques de Pictet. Qu'il nous suffise de dire que l'entreprise, basée sur un programme aussi logique et aussi sérieux, ne pouvait péricliter ni disparaître.

Déjà vers la fin de sa carrière, le savant genevois avait confié à son ami et collaborateur, P. de Loriol, le soin de publier les Echinides de Sainte-Croix avec la seconde partie de l'*Echinologie helvétique*. Il ne s'agissait plus que de grouper les efforts dispersés dans les divers centres intellectuels de notre pays, et de former une société ayant pour but de continuer l'œuvre de celui qui avait été le maître, l'ami et le conseiller de tous les géologues suisses. La *Société paléontologique suisse* fut fondée en 1874, et dès lors on vit paraître annuellement un volume in-4°, avec des planches lithographiées au nombre de vingt à quarante, et un nombre de feuilles de texte proportionné. Chaque volume contient trois à cinq monographies, ou parties de celles-ci. Cette publication, accueillie avec ferveur dès son début, a été soutenue par un nombre toujours croissant de souscripteurs, tant en Suisse qu'à l'étranger. Grâce à elle, de nombreux travaux, autrefois dispersés, perdus dans toutes sortes de revues, sont réunis et concentrés sous la forme la plus pratique et la plus utile[1]. Les « Matériaux » de Pictet, et les « Mémoires de la Société paléontologique » forment donc bien réellement les « Archives de la Paléontologie suisse », aussi croyons-nous devoir dire quelques mots de ces dernières.

Parmi les monographies qui ont pour objet des assises ou formations géologiques, nous trouvons d'abord les études importantes de M. Ernest Favre sur les fossiles des terrains jurassiques supérieurs des Alpes. (*Jurassique des Voirons*[2], *Oxfordien des Alpes fribourgeoises*[3], *Zone à Ammonites acanthicus dans les Alpes*[4], *Couches lithoniques des Alpes fribourgeoises*[5].) Comme ces divers titres peuvent déjà le faire sup-

---

[1] Il serait à désirer qu'il en fût de même pour les collections particulières de fossiles, c'est-à-dire que celles-ci fussent réunies aux collections publiques de nos musées.

[2] *Mémoires de la Société Paléontologique suisse*. T. II, 1875.

[3] *Id.* T. III, 1876.

[4] *Id.* T. IV, 1877.

[5] *Id.* T. VI, 1879.

poser, l'auteur évite même de consacrer par une dénomination précise l'étage géologique dont il s'occupe. C'est qu'il s'agit en effet de *niveaux* controversés, dans lesquels se présentent incontestablement des mélanges d'espèces qui, sur d'autres points, ne sont pas réunies.

Chaque monographie est d'ailleurs précédée d'une introduction stratigraphique, et la description des espèces figurées est suivie d'une statistique comparée de celles-ci avec les gisements considérés comme plus ou moins synchroniques.

M. P. de Loriol a également publié deux monographies sur les fossiles de couches d'un niveau assez semblable dans le Jura *(Couches de Baden*, Argovie [1], et d'*Oberbuchsiten*, Soleure [2]). Il vient d'en commencer une sur les *Couches de Valfin*, près de Saint-Claude. Ces trois mémoires sont disposés sur le même plan et rédigés dans le même esprit que ceux de M. Ernest Favre.

Dans leur *Monographie des couches à Mytilus des Alpes vaudoises* [3], MM. de Loriol et Schardt procèdent encore de la même façon pour un niveau géologique plus ancien, mais non moins controversé, tandis que la *Description des fossiles invertébrés du Purbeckien*, avec un *Supplément* [4], nous fait connaître de nombreuses espèces nouvelles d'une formation lacustre, importante par sa position entre les formations marines du système jurassique et du système crétacé. Or, c'est précisément l'absence de ce niveau fossilifère dans les Alpes qui a donné lieu aux discussions sur les limites de ces deux systèmes sur différents points de l'Europe continentale.

Si maintenant nous passons aux monographies zoologiques, nous trouvons d'abord celle de M. Mœsch, *Sur les Pholadomyes* [5], qui est la première des *Matériaux*. Ce genre important de Mollusques Acéphales, qui avait déjà fait le sujet de l'un des Mémoires d'Agassiz, est représenté par des espèces fossiles depuis le Lias jusqu'au tertiaire, et se retrouve même dans les mers actuelles. L'auteur ayant reconnu de nombreuses formes intermédiaires, n'a pas hésité à réunir celles-ci sous un même nom spécifique. Il en est résulté un grand nombre de ces *passages* d'un étage à un autre et une brèche de plus à la grande théorie de l'indépendance des faunes, proclamée jadis avec tant d'autorité par la plupart des paléontologistes.

Il est, parmi les êtres organisés fossiles, bien peu de divisions qui n'aient fait le sujet des recherches des paléontologistes suisses. Seuls peut-être les *Zoophytes* ou Polypiers avaient toujours été délaissés, malgré leur abondance dans certains gisements du Jura. M. Koby, professeur à Porrentruy, a eu le courage d'entreprendre l'étude des matériaux mis à sa disposition par les musées et les collections privées de notre pays.

Cinq parties et quatre-vingt-huit planches de cette importante *Monographie des*

[1] *Mémoires de la Société paléontologique suisse.* T. III, 1876.
[2] *Id.* T. VII et VIII, 1880, 1881.
[3] *Id.* T. X, 1883.
[4] *Id.* T. XI, XII, 1884, 1885.
[5] *Id.* T. I, 1874.

polypiers de la Suisse[1], ont déjà paru et font honneur à la patience et à la persévérance de l'auteur, qui avait à vaincre des difficultés nombreuses, résultant des caractères souvent peu accusés de ces fossiles, aussi bien que de la synonymie des espèces déjà déterminées dans les ouvrages allemands, anglais et français.

Les *Crinoïdes* qui, sous le nom d'*Entroques, Têtes de Méduses*, etc., furent si souvent l'objet de la curiosité de nos premiers collectionneurs de fossiles, sont très abondants dans certaines couches et présentent des espèces remarquables à plus d'un titre. M. P. de Loriol leur a consacré une attention spéciale et a publié la *Monographie des Crinoïdes fossiles de la Suisse*[2], avec 21 planches, représentant 120 espèces, dont 39 sont décrites pour la première fois. Le même auteur a aussi figuré et décrit de belles Etoiles de mer.

Au nombre des organismes fossiles qui, dès les temps les plus anciens, ont fixé l'attention des naturalistes suisses, il faut compter ces coquilles discoïdes auxquelles leur forme et leur grandeur ordinaire ont fait donner le nom de *Nummulites*, mais qu'on appelait autrefois *lentes, lapis frumentarius, lenticulaire*, etc., qui, dans certaines contrées, remplissent des couches de sables, de marnes, ou bien, comme dans les Alpes, sont empâtées dans des roches calcaires du terrain *Nummulitique*. Ces organismes, que l'on range maintenant dans la classe des Foraminifères, présentent une structure interne assez compliquée, et des passages insensibles relient les unes aux autres les diverses espèces créées par les auteurs qui se sont occupés de ce groupe de fossiles.

Néanmoins un savant suisse, dont la science déplore la perte récente, M. Ph. De la Harpe, avait entrepris une révision des espèces connues, précédée de considérations générales qui l'avaient conduit à attribuer au mot « espèce » une signification sensiblement différente de celle qui est généralement admise. Il la définit en ces termes : « Groupe de formes très voisines, reliées par des intermédiaires multipliés, et reconnaissant toutes un type, une forme moyenne, d'où les autres se séparent en divergeant dans tous les sens[3]. »

Nous avons dit que la seconde partie de l'*Echinologie helvétique*, c'est-à-dire la *Description des Echinides crétacés*, due à M. P. de Loriol, fut publiée dans les *Matériaux*[4] de Pictet, dont elle constitue sept livraisons. La troisième partie enfin, comprenant les *Echinides tertiaires*, parut dans les *Mémoires de la Société paléontologique suisse*[5].

M. de Loriol a en outre publié un article spécial, sous le titre de *Coup-d'œil d'en-*

---

[1] *Mémoires de la Société paléontologique suisse*, T. VII, VIII, X, XI, XII, XIII, 1880, 1881, 1883, 1884, 1885.

[2] *Id.* T. IV, V et VI.

[3] *Etude des Foraminifères de la Suisse. Mémoires de la Société paléontologique suisse*. Volumes VII, VIII et IX.

[4] Sixième série, 1873.

[5] Volumes II et III, 1875-1876.

semble sur la faune échinitique fossile de la Suisse[1], dont nous voulons dire ici quelques mots.

La faune échinitique de la Suisse se compose de 438 espèces, dont 217 dans les divers étages de la période jurassique, 168 dans ceux de la période crétacée, et enfin 53 espèces tertiaires. En fait, aucune espèce jurassique ne se retrouve dans les couches crétacées, mais en réalité le fil n'est point entièrement rompu entre la faune des terrains jurassiques supérieurs et celle des terrains crétacés inférieurs. Plusieurs espèces présentent des caractères incontestables d'analogie et presque d'identité, en sorte que les conclusions de Desor sur les passages ou les persistances de formes à travers les périodes géologiques sont confirmées par de nouveaux arguments; les passages d'un étage à un autre se multiplient également.

Dans cet article, M. de Loriol indique le fait que les draguages récents dans les grands fonds ont fait découvrir des types nouveaux, bien plus rapprochés des types crétacés que des types tertiaires.

Les animaux vertébrés ont également fait le sujet de monographies plus ou moins étendues de MM. Bachmann[2], Biedermann[3], Forsyth Major[4], Wiedersheim[5], etc. Mais de beaucoup les plus importantes sont dues à M. Rutimeyer, qui a fait des Mammifères fossiles l'objet spécial de ses recherches. Les Équidés[6] (chevaux et leurs ancêtres), les Bovidés[7], les Cervidés, les Antilopes[8], des dépôts tertiaires et quaternaires, ont été étudiés par lui et comparés avec ceux des faunes géographiques actuelles, dans le but de rechercher les affinités et les rapports des espèces perdues et des espèces vivantes.

Enfin, l'une des dernières livraisons publiées est due aux recherches d'un tout jeune paléontologiste, M. Alex. Wettstein[9], qui a entrepris une révision de la faune ichtyologique des ardoisières de Glaris. Le résultat le plus significatif de ce travail a été une réduction sensible du nombre des espèces établies par Agassiz sur des exemplaires déformés par des accidents mécaniques, pendant ou après la fossilisation. Les caractères tranchés et presque anormaux de cette faune disparaissent ainsi et elle se rapproche de celle des gisements de même âge dans d'autres contrées de l'Europe.

Il nous reste encore à parler de plusieurs monographies insérées dans diverses revues, et en particulier dans les *Mémoires de la Société helvétique des sciences naturelles*.

On se rappelera sans doute ce que nous avons dit des difficultés éprouvées par

[1] *Bibliothèque universelle.* Archives. Février, 1875.
[2] Volume II, 1875.
[3] Volume III, 1876.
[4] Volumes IV, 1877; VII, 1880.
[5] Volume V. 1878.
[6] Volume II. 1875.
[7] Volume IV. 1877.
[8] Volumes VII, 1880; VIII, 1881; X, 1883.
[9] *Ueber die Fischfauna der tertiären Glarnerschiefers.* Volume XIII, 1886.

les premiers géologues jurassiens, au sujet de la détermination des fossiles découverts par eux. C'est ce qui avait engagé Thurmann à entreprendre la description des nombreuses espèces des étages jurassiques supérieurs des environs de Porrentruy. La mort prématurée de ce savant géologue suspendit la publication du travail qu'il avait commencé. Il fut repris vers 1860 par le paléontologiste jurassien Etallon, de Gray, et publié sous le titre de *Lethea Bruntrutana*[1]. Près de huit cents espèces de fossiles, surtout des Mollusques et des Rayonnés, sont décrits et figurés dans cet ouvrage qui, malgré quelques imperfections, rendit des services à ceux qui s'occupaient de la carte géologique du Jura dans la période de 1860 à 1875.

Les recherches géologiques de Studer, Escher et C. Brunner fils, dans les Alpes, avaient procuré la découverte de gisements fossilifères très importants. Il n'en fallut pas davantage pour provoquer le zèle de deux naturalistes qu'unissaient d'ailleurs des liens de parenté, C. de Fischer-Ooster (né à Sacconex près de Genève, en 1807) et C.-W. Ooster, de Berne. Pendant une quinzaine d'années, ceux-ci soutinrent financièrement des collecteurs de fossiles (que l'on désigne sous le nom de Petrefactensammler), tels que E. Meyrat et G. Tschan. De 1857 à 1860, Ooster publia le *Catalogue des Céphalopodes des Alpes suisses*[2], avec description des espèces nouvelles et soixante-quatre planches de fossiles dessinés par l'auteur. Les six Mémoires qui composent ce catalogue, réunis plus tard, forment la première partie des *Pétrifications remarquables des Alpes suisses*. Le *Synopsis des Brachiopodes fossiles* (1863) et le *Synopsis des Echinodermes fossiles des Alpes suisses* (1865) suivirent de près, accompagnés également de nombreuses figures. En 1869 parut une quatrième monographie, le *Corallien de Wimmis*, consacrée aux fossiles d'un gisement, remarquable par les controverses stratigraphiques auxquelles il a donné lieu. La même année encore, Ooster et Fischer-Ooster commençaient sous le titre général *Protozoe helvetica*, une nouvelle série de mémoires sur les restes fossiles d'animaux et de plantes remarquables du Musée d'histoire naturelle de Berne. En 1870 et 1871 parurent de nouvelles livraisons comprenant la description, soit d'animaux vertébrés *(Rhinoceros, Ichtyosaurus)*, soit des restes de végétaux marins *(zoophycos)*, soit enfin des monographies locales, comme la *Description des fossiles des couches à Ptéropodes du terrain crétacé des Alpes*, ou celle des *Grès de Taviglianaz de la Dallefluh*, près du lac de Thoune. Comme on le voit, les publications de Ooster et de Fischer-Ooster sont absolument dans le cadre des Mémoires de la Société paléontologique suisse. Un grand mérite s'y rattache en outre, c'est que les collections particulières de ces auteurs ayant été réunies à celles du Musée de Berne, elles peuvent toujours être consultées et servir de terme de comparaison avec les matériaux de même genre qui seront découverts dans la suite.

Partant du même ordre d'idées que Pictet, M. de Loriol publiait, en 1861-1863, la *Description des Animaux invertébrés fossiles du Mont Salève*, avec vingt-deux planches de fossiles, travail d'autant plus important que son apparition coïncidait avec celle des

[1] *Mémoires de la Société helvétique des sciences naturelles*. 1861-1864. T. XVIII, XIX et XX.
[2] *Nouveaux Mémoires de la Société helvétique*. T. XVII et XVIII.

Fossiles du néocomien des Voirons, qui constituent une faune presque absolument diffé-rente, malgré la proximité des gisements fossilifères.

Un peu plus tard, le même auteur présentait, dans l'ouvrage de M. Alphonse Favre [1], une *Description des fossiles de l'oolite corallienne, de l'étage valangien et de l'étage néo-comien du Mont Salève,* qui peut être considérée comme un complément de ce travail.

Deux monographies analogues ont encore pour sujet des faunes locales du groupe néocomien du Jura : ce sont celles de *l'Etage urgonien du Landeron* [2] (Neuchâtel), et des *Couches de l'étage valangien d'Arzier* [3] (Vaud). Citons encore, comme ayant pré-cédé les belles monographies de M. de Loriol dans les « Mémoires de la Société paléon-tologique suisse », *l'Etude géologique et paléontologique de la formation d'eau douce infra-crétacée de Villers-le-Lac* [4].

On doit encore à M. de Loriol de nombreuses et importantes monographies de fossiles des étages jurassiques supérieurs de divers gisements du Nord de la France, etc.

Dans le domaine de la Paléontologie végétale, nous signalerons également les six Mémoires, publiés de 1858 à 1864, sous le titre de *Contributions à la flore fossile ita-lienne,* par Ch.-T. Gaudin et Strozzi [5]. C'est une description avec figures des nom-breuses espèces de plantes découvertes dans divers gisements tertiaires et quater-naires de l'Italie.

Les conclusions émises par le principal auteur confirment le fait, déjà révélé par Heer, « que la végétation européenne actuelle n'est point indépendante du passé, mais qu'elle se relie aux végétations antérieures par des chainons qui deviennent toujours plus nombreux et plus évidents à mesure que l'on se rapproche des temps actuels. »

Nous pouvons aussi revendiquer comme travaux paléontologiques suisses, les impor-tants Mémoires sur les végétaux du terrain carbonifère, les empreintes de feuilles cré-tacées du Nebraska, etc., publiés par Léo Lesquereux, établi aux Etats-Unis depuis plus de quarante ans.

Il en est de même des publications de M. Paul Choffat, attaché à la Commission des travaux géologiques du Portugal, sous le titre de *Recueil d'études paléontologiques sur la faune crétacique du Portugal.*

Plusieurs des collaborateurs à la carte géologique de la Suisse ont accompagné leurs monographies géologiques de descriptions des espèces nouvelles de fossiles recueillis par eux. Nous citerons MM. Mœsch, Kaufmann, Greppin, Mayer-Eymar, etc.

Il ressort de tout ce que nous avons dit que les fossiles marins l'emportent de beau-coup sur les fossiles terrestres ensevelis dans les dépôts sédimentaires. Cette abon-dance est telle que, au point de vue de l'étude des formes et des espèces, les couches

---

[1] *Recherches géologiques dans les parties de la Savoie,* etc. Genève, 1867.
[2] *Mémoire de la Société helvétique des sciences naturelles.* T. XXIII, 1869.
[3] *Matériaux pour la paléontologie suisse.* 4e série, 1868.
[4] *Mémoires de la Société de physique et d'histoire naturelle de Genève.* T. XVIII, 1865.
[5] *Mémoires de la Société helvétique.* Volumes XVII, XVIII, XX.

du sol en Suisse présentent une variété bien plus grande que toutes les plages et les côtes des continents terrestres actuels. Même en ce qui concerne les faunes abyssales récemment découvertes par les draguages sous-marins, nous n'avons rien à envier aux collections des établissements scientifiques qui les ont organisés. Un jeune géologue et paléontologiste suisse, M. Rud. Haeusler, ayant soumis à une préparation convenable les marnes et les argiles de la plupart des couches comprises entre le Lias et les terrains tertiaires, y a reconnu l'existence d'une multitude de foraminifères microscopiques, appartenant à toutes les familles et à la plupart des genres de cette classe d'animaux. Bien plus, ce ne sont pas seulement des rapports génériques qui unissent ces organismes fossiles avec ceux des mers actuelles, mais bien une identité spécifique absolue et incontestable. Ainsi, une fois de plus se confirme une loi dont l'énoncé ne fut d'abord présenté que sous réserve, à savoir que la persistance des formes en général est en raison inverse de leur élévation dans la série. Les êtres les moins compliqués sont à la fois ceux dont la durée a été le plus longue et qui se sont le plus propagés en surface ; ils ont mieux résisté aux changements ou aux différences de conditions extérieures que ceux que l'on a coutume d'envisager comme les plus parfaits.

VII

Si nous jetons maintenant un coup-d'œil d'ensemble sur le passé de la paléontologie en Suisse, nous constatons un développement lent, régulier, continu, dans les idées des naturalistes.

Les progrès de cette science ont toujours été intimement liés à ceux des autres branches de l'histoire naturelle. Non seulement la zoologie et la botanique, mais encore et surtout la physique, la chimie, l'anatomie, devaient apporter leur contingent de faits et d'observations. Tout progrès réalisé dans l'étude des êtres vivants devait contribuer à une connaissance plus exacte de ceux dont nous trouvons les débris dans le sein de la terre. Gesner, Scheuchzer, Lang, Bourguet, ne pouvaient concevoir qu'un temps de création, qu'une apparition simultanée des êtres organisés. Voyant les mêmes races d'animaux, les mêmes formes végétales se perpétuer d'une manière invariable, ils ne pouvaient se faire à l'idée que d'autres races, d'autres espèces, antérieures à celles-ci, eussent pu disparaître entièrement.

Plus tard Cuvier, préoccupé de l'idée qu'il y a eu des êtres primitifs différents des êtres actuels, a cherché à différencier autant que possible les êtres fossiles, ce qui ne lui était du reste pas difficile avec le petit nombre de matériaux dont il disposait. Grâce à son génie, ses doctrines furent adoptées presque sans contestation, non seulement en France, mais dans le monde entier. Agassiz lui-même ne put ou ne voulut pas s'en affranchir, et nous sommes redevables à Pictet des premières velléités d'indépendance qui se soient manifestées en Suisse.

La première partie du *Traité de paléontologie* résume admirablement les faits acquis, tout en réservant avec prudence les questions délicates sur lesquelles la controverse allait bientôt s'engager dans le monde scientifique. Hâtons-nous de dire que, d'une manière générale, les paléontologistes suisses restèrent étrangers aux discussions stériles et aux conclusions plus ou moins prématurées auxquelles il est si facile de se laisser entraîner, dans un sens comme dans l'autre.

Au reste, il n'est aucun de nos paléontologistes suisses qui ne se soit vu dans le cas de dire comme Schimper, l'auteur de la *Paléontologie végétale* : « Le progrès des découvertes va si vite que, quand on a terminé un livre avec ses conclusions, c'est toujours à recommencer. » L'ensemble des travaux paléontologiques que nous venons d'énumérer offre un tableau relativement assez complet des connaissances acquises aujourd'hui sur les fossiles. Mais il n'est pas moins vrai que nous sommes loin d'avoir entendu le dernier mot sur la composition des anciennes faunes et des anciennes flores. A mesure que des observations plus nombreuses et plus complètes enrichissent nos musées et nos collections, les idées admises sur les organismes anciens se modifient. Ce ne sont pas tant des espèces nouvelles qu'il s'agit de découvrir, mais ce qu'il faut bien plutôt, c'est une révision basée sur des matériaux toujours plus abondants. A ce point de vue, nous venons de le constater, une réaction s'est déjà manifestée parmi les paléontologistes de la nouvelle génération.

La paléontologie, il ne faut pas l'oublier, est une science toute récente. Malgré ses progrès considérables, malgré les étonnantes découvertes qu'on lui doit, il lui reste tellement de chemin à parcourir que l'on ose à peine dire qu'elle a franchi ses débuts. C'est à l'avenir qu'est réservée la solution des principaux problèmes qu'il est donné à l'homme d'aborder dans cette voie.

Pourrions-nous terminer plus dignement ce modeste aperçu qu'en reproduisant quelques-unes des éloquentes paroles du plus sympathique des hommes dont nous avons cherché à faire connaître les travaux [1].

« Les temps antérieurs à la création de l'homme doivent revivre ; il faut que les plantes et les animaux qui furent ensevelis il y a des milliers d'années ressuscitent dans notre pensée. Ainsi, l'homme peut non seulement évoquer par son imagination toutes les richesses de la nature actuellement vivante, il peut aussi ranimer par le souffle de son génie tout ce qui a une fois existé, et passer en revue dans sa pensée les créations d'âges à jamais écoulés. »

A. JACCARD.

[1] Oswald Heer. *Quelques mots sur les noyers. Archives de la Bibliothèque universelle.* Septembre 1858.

CATALOGUE DES ÉTUDIANTS

DE

L'ACADÉMIE DE NEUCHATEL

SEMESTRE D'HIVER 1886·1887

I. FACULTÉ DES LETTRES

Étudiants.

1. Ducommun, Lucien, de la Chaux-de-Fonds.
2. Ritter, William, de Neuchâtel.
3. Clerc, Jean, de Fleurier.
4. Jeanjaquet, Jules, de Neuchâtel.
5. de Meuron, Louis, de Neuchâtel.
6. Pillichody, Albert, de Berne.
7. Borel, Ernest, de Neuchâtel.
8. Giunel, James, du Locle.
9. Rolli, Paul, de Berne.

Auditeurs.

1. Gysi, Henri, d'Argovie.
2. Bovet, Max, de Neuchâtel.
3. Horstmann, Théodor, de Schleswig-Holstein.
4. Barrelet, Samuel, de Neuchâtel.
5. Wideman, Nicolas, de Helsingfors.
6. Perrenoud, H.-A., de la Sagne.
7. Keller, Gustave, de Zurich.
8. Moll, Henri-G., de Neuchâtel.
9. Borel, Henri-A., de Neuchâtel.
10. Robert, Louis, du Locle.
11. Isler, Ferdinand, de Thurgovie.
12. Fuchs, Daniel, de Thurgovie.
13. Muller, Jean, de Thurgovie.
14. Bachmann, Marie, de Berne.
15. Bräm, Rud., de Zurich.
16. Riel, Gustav, de Bavière.
17. Jæger, Johan, d'Argovie.
18. Bonhôte, Paul, de Peseux.
19. Horisberger, Emile, de Berne.
20. Jacottet, Rose, de Neuchâtel.
21. Ecklin, Sophie, de Bâle.
22. de Spitzenberg, Lothar, du Wurtemberg.

23. Andres, Ernest, de Soleure.
24. d'Aprêleff, Véra, de St-Pétersbourg.
25. Perregaux, Henri, de Neuchâtel.
26. Schmid, Paul, de Glaris.
27. Kapp, Franz, d'Allemagne.
28. Russenberger, Rudolf, de Schaff-house.
29. Sandenbergh, Henri, de Hollande.
30. Valentinis, Marco, d'Italie.
31. de Pury, Georges, Australie.
32. Junod, Elise, de Vaud.
33. Œsch, J., Saint-Gall.
34. Gutknecht, Jean, de Morat.
35. Rikli, Benjamin, de Berne.
36. Schlachter, B., Prusse rhénane.
37. Scheidegger, Edwin, de Berne.

II. FACULTÉ DES SCIENCES

Étudiants.

1. Borel, Jules, de Neuchâtel.
2. Verdan, Robert, de Boudry.
3. Borel, Charles-Franç., de Neuchâtel.
4. Cavin, James, de Vaud.
5. Burckhardt, Otto, de Bâle.
6. Bauer, Edouard, de Neuchâtel.
7. Rufener, Fritz, de Berne.
8. Wieland, Gabriel-Léopold, de Vaud.
9. Pierrard, Jules, de France.
10. Châtelain, Auguste, de Neuchâtel.
11. Blanck, Frédéric, de Berne.
12. Schnider, Louis, de Berne.
13. Favre, James, du Locle.
14. Rivier, Henri, de Vaud.
15. de Chambrier, Paul, de Bevaix.

Auditeurs.

1. Jordan, Bernard, de Neuchâtel.
2. Gamet, Jules, de France.
3. de Coulon, William, de Neuchâtel.
4. Amrein, Nicol, Suisse.
5. Benoit, Louis, de la Chaux-de-Fonds.
6. Perret, Léo, des Brenets.
7. de Montmollin, Charles, de Neuchât.
8. Jaccard, Benjamin, de Vaud.
9. de Loriol, René, de Vaud.
10. Clottu, Olivier, de Neuchâtel.
11. Béguin, William, de Brot.
12. DuBois, Henri, de Neuchâtel.
13. Hubleur, Constant, de Berne.
14. Gaille, Charles, de Vaud.
15. DuBois, Maurice, de Neuchâtel.

III. FACULTÉ DE THÉOLOGIE

Étudiants.

1. Dumont, Henri-Paul, de la Brévine.
2. Vivien, Louis, de Genève.
3. Borel, Marc, de Neuchâtel.
4. Béguin, Georges, de Rochefort.
5. Evard, Alphonse, de Chézard.
6. Wuithier, Jules, de la Ch.-de-Fonds.

7. Schinz, Ernest, de Neuchâtel.
8. André, Jules, de Vaud.
9. Quinche, Hermann, de Chézard.
10. Jacot, Fritz, de Neuchâtel.
11. Baumann, Louis, de Fleurier.

12. Perret, Alfred-Ulysse, de la Chaux-de-Fonds.
13. Vaucher, Ernest, de Fleurier.
14. Rollier, Samuel, de Berne.

Auditeurs.

1. Fröhlich, Edmond, d'Argovie.

2. Bernoulli, Edouard, de Bâle.

IV. FACULTÉ DE DROIT

Étudiants.

1. Jeanneret, Auguste, du Locle.
2. Ohnstein, Edmond, des Bayards.
3. Meckenstock, Charles, de Neuchâtel.
4. Calame, Albert, de Neuchâtel

5. Knipping, Hubert, d'Allemagne.
6. Strittmatter, Ernest, de Neuchâtel.
7. de Brederode, Martinho, de Lisbonne.
8. Biolley, Walter, de Neuchâtel.

Auditeurs.

1. Cartier, Fernand, des Brenets.
2. Bitterlin, Louis, du Locle.
3. Paris, Gustave-Ernest, de Vaud.
4. Heer, Charles, de Glaris.
5. Montandon, Jean, du Locle.
6. Clerc, Henri, de Neuchâtel.
7. Jacky, Albert, de Bienne.

8. Brauen, Albert-Numa, de Berne.
9. Jeanneret, Henri, du Locle.
10. Wille, Eugène, de la Sagne.
11. Soguel, Jules, de Cernier.
12. Amiet, Louis, de Boudry.
13. Rossiaud, Julien, de Neuchâtel.
14. van der Crab, de Hollande.

RÉSUMÉ

I. Faculté des Lettres.

Étudiants 9
Auditeurs 37
           46

II. Faculté des Sciences.

Étudiants 15
Auditeurs 15
           30

III. Faculté de théologie.

Étudiants 14
Auditeurs 2
           16

IV. Faculté de Droit.

Étudiants 8
Auditeurs 14
           22
     Total   114

Ces 114 étudiants et auditeurs se répartissent comme suit d'après leur origine :

A. Neuchâtelois 58
B. Suisses d'autres cantons . . . 41
C. Étrangers 15
     Total   114

SEMESTRE D'ÉTÉ 1887

I. FACULTÉ DES LETTRES

Étudiants.

1. Ducommun, Lucien, de la Chaux-de-Fonds.
2. Ritter, William, de Neuchâtel.
3. Clerc, Jean, de Fleurier.
4. Jeanjaquet, Jules, de Neuchâtel.
5. de Meuron, Louis, de Neuchâtel.
6. Pillichody, Albert, de Berne.
7. Borel, Ernest, de Neuchâtel.
8. Ginnel, James, de Neuchâtel.
9. Rolli, Paul, de Berne.
10. Piaget, Arthur, de la Côte-aux-Fées.

Auditeurs.

1. Barrelet, Samuel, de Neuchâtel.
2. Scheidegger, Edwin, de Berne.
3. Robert, Louis, du Locle.
4. De Pury, Georges, d'Australie.
5. Roulet, G.-Félix, de Peseux.
6. Bovet, Max, de Neuchâtel.
7. Gutknecht, Jean, de Morat.
8. Leutenegger, Jacques, de Thurgovie.
9. Jacottet, Rose, de Neuchâtel.
10. d'Apréleff, Véra, de St-Pétersbourg.
11. Ecklin, Sophie, de Bâle.
12. Junod, Elisa, de Vaud.
13. de Guenther, William-Barstow, de Prusse.
14. Schnadhorst, Ernest, d'Angleterre.
15. Schnadhorst, Mary, d'Angleterre.
16. von Zahn, Hans, de Saxe.
17. DuBois, Henri, de Neuchâtel.
18. Güttinger, Frédéric, de Zurich.
19. Wodey, Philippe, de France.
20. de Pourtalès, Albert, de Neuchâtel.
21. Walder, Paul, de Zurich.
22. Schlott, Karl, de Saxe.

II. FACULTÉ DES SCIENCES

Étudiants.

1. Borel, Jules, de Neuchâtel.
2. Verdan, Robert, de Boudry.
3. Borel, Ch.-François, de Neuchâtel.
4. Cavin, James, de Vaud.
5. Burckhardt, Otto, de Bâle.
6. Bauer, Edouard, de Neuchâtel.
7. Rufener, Fritz, de Berne.
8. Wieland, Gabriel-Léopold, de Vaud.

9. Châtelain, Auguste, de Neuchâtel.
10. Blanck, Frédéric, de Berne.
11. Schnider, Louis, de Berne.
12. Favre, James, du Locle.

13. Rivier, Henri, de Vaud.
14. de Chambrier, Paul, de Bevaix.
15. Schneider, Paul, de Zurich.

Auditeurs.

1. Gamet, Jules, de France.
2. Clottu, Olivier, de Neuchâtel.
3. de Montmollin, Charles, de Neuchât.
4. Perret, Léo, des Brenets.
5. DuBois, Maurice, de Neuchâtel.
6. de Coulon, William, de Neuchâtel.
7. Amrein, Nicol, de Lucerne.

8. Jaccard, Benjamin, de Vaud.
9. de Loriol, René, de Vaud.
10. Benoit, Louis, de la Chaux-de-Fonds.
11. Hulliger, Emile, de Berne.
12. Gaille, Charles, de Vaud.
13. Hauser, Albert-Ernest, de Zurich.
14. Béguin, William, de Brot.

III. FACULTÉ DE THÉOLOGIE

Étudiants.

1. Dumont, Henri-Paul, de la Brévine.
2. Vivien, Louis, de Genève.
3. Borel, Marc, de Neuchâtel.
4. Béguin, Georges, de Rochefort.
5. Evard, Alphonse, de Chézard.
6. Wuithier, Jules, de la Ch.-de-Fonds.
7. Schinz, Ernest, de Neuchâtel.
8. André, Jules, de Vaud.

9. Quinche, Hermann, de Chézard.
10. Jacot, Fritz, de Neuchâtel.
11. Baumann, Louis, de Fleurier.
12. Perret, Alfred-Ulysse, de la Chaux-
    de-Fonds.
13. Vaucher, Ernest, de Fleurier.
14. Rollier, Samuel, de Berne.
15. Charpier, Aloys, de Berne.

Auditeurs.

1. Burckhardt, L.-Auguste, de Bâle.

2. Bernoulli, Charles, de Bâle.

IV. FACULTÉ DE DROIT

Étudiants.

1. Jeanneret, Auguste, du Locle.
2. Ohnstein, Edmond, des Bayards.
3. Meckenstock, Charles, de Neuchâtel.
4. Calame, Albert, de Neuchâtel.

5. Strittmatter, Ernest, de Neuchâtel.
6. de Brederode, Martinho, de Lisbonne.
7. Biolley, Walter, de Neuchâtel.
8. Keller, Gustave, de Winterthour.

Auditeurs.

1. Clerc, Henri, de Neuchâtel.
2. Rossiaud, Julien, de Neuchâtel.
3. Widemann, Nicolas, de Helsingfors.
4. Montandon, Jean, du Locle.
5. Wille, Eugène, de la Sagne.
6. Paris, Gustave-Ernest, de Vaud.
7. Bitterlin, Louis, du Locle.

8. Amiet, Louis, de Boudry.
9. de Pury, Robert, de Neuchâtel.
10. Jeanneret, Henri, du Locle.
11. Brauen, Albert-Numa, de Berne.
12. Heer, Charles, de Glaris.
13. Eberhard, Gustave, de Berne.

RÉSUMÉ

I. Faculté des Lettres.

Etudiants 10
Auditeurs 22
                          32

II. Faculté des Sciences.

Etudiants 15
Auditeurs 14
                          29

III. Faculté de Théologie.

Etudiants 15
Auditeurs 2
                          17

IV. Faculté de Droit.

Etudiants 8
Auditeurs 13
                          21
            Total   99

Ces 99 étudiants et auditeurs se répartissent comme suit d'après leur origine :

A. Neuchâtelois 54
B. Suisses d'autres cantons . . . 34
C. Etrangers 11
                  Total   99

PROGRAMME DES COURS

DE

L'ACADÉMIE DE NEUCHATEL

ANNÉE SCOLAIRE 1887-1888

SEMESTRE D'HIVER   **SEMESTRE D'ÉTÉ**

I. FACULTÉ DES LETTRES

Nota. Pour le cours spécial de français à l'usage des étrangers, voir le programme du Gymnase cantonal.

1. **Langue et littérature latines** : Professeur, M. le Dr *J. LeCoultre.*

Interprétation de Tacite. Annales, L. V et VI. — 2 heures.

Antiquités politiques romaines. — 2 heures.

Interprétation de Juvénal. Satires choisies. — 2 heures.

Antiquités religieuses romaines. — 2 heures.

2. **Langue et littérature grecques** : Professeur, M. *L. Bachelin.*

Interprétation des poètes lyriques grecs, d'après l'anthologie de Buchholz (Edition Teubner). — 2 heures.

Littérature. — Histoire du théâtre grec. — 1 heure.

Interprétation du discours sur la couronne de Démosthènes, d'après Weil (grande édition, Hachette). — 2 heures.

Archéologie. — La peinture antique. — 1 heure.

SEMESTRE D'HIVER	SEMESTRE D'ÉTÉ

3. Littérature française : Professeur, M. *J. Bachelin.*

Histoire de la littérature française depuis la Restauration à nos jours. — 2 heures.

Suite du cours. — 2 heures.

Exercices de style et de diction. — 1 heure.

Exercices de style et de diction. — 1 heure.

4. Histoire de la langue française : Professeur, M. le D^r *LeCoultre.*

Histoire de la littérature française au moyen-âge. — 2 heures.

Suite du cours. - - 2 heures.

5. Littérature générale : Professeur, M. *A. Humbert.*

Étude comparée des principaux écrivains du XIVe au XVIIIe siècle. — 2 heures.

Le XVIIIe et le XIXe siècles. — 2 heures.

6. Littérature allemande (en allemand) : Professeur, M. le Dr *Domeier.*

Histoire de la littérature allemande depuis ses origines jusqu'à la Réformation. — 2 heures.

Histoire de la littérature allemande de la Réformation à Klopstock. — 2 heures.

Exercices supérieurs de langue allemande. — Rédaction. — Conversation. — 1 heure.

Exercices supérieurs de langue allemande. — Rédaction. — Conversation. — 1 heure.

7. Philosophie et histoire de la philosophie : Professeur, M. *Adrien Naville.*

Morale et droit naturel. — 2 heures.
La philosophie moderne jusqu'à Kant. — 3 heures.

Esthétique. — 2 heures.
La philosophie contemporaine depuis Kant. — 3 heures.

8. Histoire générale : Professeur, M. *A. de Chambrier.*

Décadence de la société du moyen âge. — Guerres d'Italie. — Réformation. — Rivalité des maisons de France et d'Autriche. — 2 heures.

Réaction catholique. — Les deux révolutions anglaises. — Louis XIV. — Le XVIIIe siècle. — 2 heures.

9. Histoire nationale : Professeur, M. le Dr *A. Daguet.*

Aperçu sur la formation successive de la Suisse, suivi d'une étude spéciale de l'histoire contemporaine au point de vue politique et intellectuel. — 1 heure.

Suite du cours. — 1 heure.

SEMESTRE D'HIVER	SEMESTRE D'ÉTÉ

10. Géographie comparée et statistique : Professeur, M. *Metchnikoff*.

Les volcans et les tremblements de terre. — 2 heures.	Statistique morale. — 2 heures.

11. Economie politique : Professeur suppléant, M. *Umiltà*.

Lois générales de l'économie politique. — Lois du groupement de population, émigration, colonisation. — Théorie générale de la production, distribution et consommation des richesses.— 2 heures.	La terre, de la grande et petite propriété; de l'agriculture, de l'industrie, des machines, des crises industrielles et de leurs causes. — Du commerce, protectionisme et libre-échange. — 2 h.

12. Physiologie et anatomie comparées : Professeur, M. le Dr *E. Béraneck*.

Eléments d'anatomie et de physiologie humaine et comparée. — 1 heure.	Suite du cours. — 1 heure.

13. Archéologie : Professeur, M. le Dr *A. Daguet*.

Les diverses disciplines de l'archéologie : diplomatique et paléographie, numismatique, épigraphie (monuments de l'époque romaine). — 1 heure.	Suite du cours. — 1 heure.

14. Linguistique générale : Professeur, M. *L. Bachelin*.

Origine et développement du langage. — 1 heure.	Histoire de l'écriture. — 1 heure.

15. Littérature italienne (en italien) : Professeur, M. *A. Umiltà*.

Tableau historique de la littérature italienne. — La tradition romaine à travers la barbarie. — La littérature du moyen âge. — Les précurseurs de Dante et de Boccace. — 2 heures.	La littérature italienne au XIXᵉ siècle, poètes et prosateurs contemporains. — 2 heures.

16. Littérature anglaise (en anglais) : Professeur, M. *P. Nippel*.

From the Pre-English Era to the publication of Pamela in 1740. Study of Richard the Third Shakespeare's. — 2 h.	English Literature from 1740 to 1865. Samuel Johnson by Th. B. Macaulay. — 2 heures.

<table>
<tr><td>SEMESTRE D'HIVER</td><td>SEMESTRE D'ÉTÉ</td></tr>
</table>

COURS LIBRES

1. Histoire de la langue française : Professeur, M. le Dr *LeCoultre*.

Interprétation de morceaux choisis dans la chrestomathie de l'ancien français de Constans. (Paris, Vieweg, 1884.) — 1 h.	Suite du cours. — 1 heure.

2. Littérature grecque : Professeur, M. le Dr *Doncier*.

La topographie de Troie et les poèmes d'Homère. — 1 heure (gratuit).

3. Épigraphie latine et suisse : Professeur agrégé, M. *W. Wavre*.

Avenches et ses inscriptions.

II. FACULTÉ DES SCIENCES

Nota. Les examens subis devant la Faculté des Sciences au terme de la 1re année d'études donnent accès de droit, s'ils sont admis, à l'École polytechnique fédérale.

1. Mathématiques : Professeur, M. *L. Isely*.

1re année.

Géométrie analytique à deux dimensions. — Point et ligne droite. — Cercle. —Sections coniques. — Exercices. — 2 h.	*Géométrie analytique à deux dimensions.* — Sections coniques (suite). — Courbes algébriques en général. — 2 h.
Géométrie descriptive. — Surfaces développables. — Plans tangents. — Sections planes. — Arrachement et pénétration. — Ombres. — 1 heure.	*Géométrie descriptive.* — Théorie des surfaces gauches et de révolution. — 1 heure.

2e année.

Géométrie analytique à trois dimensions. — Point, droite et plan. — Sphère. — Surfaces du 2e degré. — Exercices. — 1 heure.	*Géométrie analytique à trois dimensions.* — Surfaces du 2e degré (suite). — Surfaces algébriques en général. — 1 heure.
Calcul infinitésimal. — Calcul différentiel. — Applications analytiques et géométriques. — Géométrie infinitésimale. — Calcul intégral (1re partie). — Intégrales indéfinies. — Exercices. — 2 h.	*Calcul infinitésimal.* — Calcul intégral (2e partie). — Intégrales définies. — Applications géométriques. — Équations différentielles. — Calcul des variations. — 2 heures.

SEMESTRE D'HIVER	SEMESTRE D'ÉTÉ

2. Physique expérimentale : Professeur, M. le Dr *R. Weber.*

1re année.

Mécanique des solides, des liquides et des gaz. — Chaleur. — Électricité. — Magnétisme. — 3 heures.	Acoustique. — Optique. — 3 heures.

2e année.

Physique moléculaire. — Calorimétrie. — Conductibilité. — Principes de la théorie mécanique de la chaleur. — Théorie des gaz. — Théorie du potentiel. — Mesure des quantités magnétiques et électriques. — 2 heures.	Electro-dynamique. — Introduction à l'optique mathématique. — 2 heures.

3. Mécanique rationnelle : Professeur, M. le Dr *R. Weber.*

1re année.

Statique. — Applications aux machines. — Cinématique. — 2 heures.	Dynamique. — 2 heures.

2e année (Mécanique analytique).

Compléments de statique. — Dynamique : mouvement du point ; mouvement du système. — Applications. — 1 heure.	Choc des corps. — Equations générales. — 1 heure.

4. Dessin mathématique : Professeur, M. *L. Favre.*

Dessin de machines. — Dessin d'architecture. — Topographie. — 2 heures.	Suite du cours. — 2 heures.

5. Physique du globe : Professeur, M. le Dr *Hirsch,* directeur de l'Observatoire.

Océanographie. — Météorologie. — 1 heure.	Géodésie. — 1 heure.

6. Astronomie : Professeur, M. le Dr *Hirsch.*

Système solaire. — 2 heures.	Astronomie stellaire. — 2 heures.

7. Chimie théorique : Professeur, M. le Dr *O. Billeter.*

1re année.

Chimie inorganique, théorique et expérimentale. — 3 heures.	Suite du cours. — 3 heures.

SEMESTRE D'HIVER	SEMESTRE D'ÉTÉ

2e année.

Chimie organique. — Introduction. Les corps gras ou dérivés du méthane. — 2 heures.	Chimie organique. — Les combinaisons aromatiques ou dérivés de la benzine. — 2 heures.

8. Chimie pratique : Professeur, M. le Dr *O. Billeter.*

Exercices pratiques au laboratoire de chimie. — Analyse qualitative et quantitative. — Préparations inorganiques et organiques. — Exercices d'enseignement expérimental. — 4 heures.	Suite du cours. — 4 heures.

9. Minéralogie : Professeur, M. le Dr *M. de Tribolet.*

Minéralogie générale — Caractères morphologiques, physiques et chimiques. — Cristallographie. — 2 heures.	Minéralogie systématique. — Classification. — Description des espèces minérales. — 2 heures.

10. Géologie et paléontologie (avec excursions) : Professeur, M. le Dr *A. Jaccard.*

Eléments généraux. — Stratigraphie. Orographie. Nomenclature géologique. — 3 heures.	Terrains sédimentaires. Paléontologie, géologie du Jura, etc. — 3 heures.

11. Physiologie et anatomie comparées : Professeur, M. le Dr *E. Béraneck.*

1re année.

Zoologie descriptive. — 2 heures.	Suite du cours. — 2 heures.

2e année.

Anatomie comparée. — 2 heures. Microscopie. — 2 heures.	Suite du cours. — 2 heures. Microscopie. — 2 heures.

12. Botanique et physiologie végétale : Professeur, M. *F. Tripet.*

Botanique générale. — Anatomie et physiologie végétales. — 3 heures.	Botanique spéciale. Classification. — Notions sur les Cryptogames cellulaires. — Etude détaillée des Cryptogames vasculaires et des Phanérogames. — Eléments de microscopie végétale. — Excursions botaniques. — 3 heures.

13. Exercices et répétitions de mathématiques, de physique et de chimie : Sous la direction des professeurs chargés de ces enseignements. — 2 heures.

En commun avec la Faculté des Lettres.

14. Littérature française. 15. Histoire générale. 16. Histoire nationale. 17. Exercices supérieurs de langue allemande.

SEMESTRE D'HIVER   SEMESTRE D'ÉTÉ

COURS LIBRES

1. Electrotechnique : Professeur, M. le Dr *R. Weber.*

Technique de l'électricité.

2. Chimie : Professeur, M. le Dr *Billeter.*

Les matières colorantes artificielles. — 1 heure.

Chimie théorique. Chimie organique. — 1 heure (qui s'ajoute aux 2 heures du cours règlementaire).

Chimie analytique. Analyse qualitative. — 1 heure.

Suite du cours.

3. Géologie générale : Professeur, M. le Dr *de Tribolet.*

Phénomènes actuels. — 2 h. (gratuit).

Phénomènes anciens. — 2 h. (gratuit).

4. Astronomie. Professeur agrégé, M. le Dr *Hilfiker,* astronome-adjoint.

Introduction à l'astronomie mathématique. — 1 heure (gratuit).

Suite du cours.

5. Eléments de pathologie générale : Professeur agrégé, M. le Dr *H. Albrecht.*

Du parasitisme, de la fièvre et des fièvres, de l'inflammation, des gangrènes, des hémorrhagies, des hydropisies, etc., avec démonstrations microscopiques. — 1 heure (gratuit).

6. Cours de microscopie : Professeur agrégé, M. le Dr *H. Albrecht.*

Connaissance du corps humain et des tissus qui le composent.

LABORATOIRE DE CHIMIE

Des élèves chimistes sont admis à travailler au laboratoire en dehors du cours régulier à des conditions fixées par un règlement spécial (Voir plus loin : Extrait du règlement du laboratoire de chimie).

8

SEMESTRE D'HIVER   SEMESTRE D'ÉTÉ

III. FACULTÉ DE THÉOLOGIE

A. Première division ou cours préparatoire (1re année).

1. En commun avec la Faculté des Lettres.

1. Langue et littérature latines. 2. Langue et littérature grecques. 3. Littérature française. 4. Philosophie et histoire de la philosophie. 5. Histoire générale. 6. Physiologie et anatomie comparées. 7. Économie politique ou géographie.

2. Cours spéciaux à la Faculté de Théologie.

8. **Encyclopédie des sciences théologiques** : Professeur extraordinaire, M. le pasteur *L. Nagel*.

Théologie historique. — 1 heure.   Théologie systématique et pratique. — 1 heure.

9. **Histoire du peuple d'Israël** : Professeur, M. le pasteur *Ladame*.

Des temps anciens jusqu'à la royauté. — 1 heure.   De la royauté aux temps de J.-C. — 1 heure.

10. **Langue hébraïque** : Professeur, M. le pasteur *Perrochet*.

Répétitions de grammaire. Lecture de I Samuel et de quelques psaumes. — 2 heures.   Lecture de Jérémie : morceaux choisis. — 2 heures.

11. **Archéologie biblique** : Professeur, M. le pasteur *Ladame*.

Vie sociale et religieuse d'Israël. — 1 heure.   Suite du cours. — 1 heure.

B. Seconde division (2e, 3e et 4e années).

Les étudiants de la 2e année suivent les cours de langue hébraïque et d'archéologie biblique avec la première division.

1. **Exégèse et critique de l'Ancien Testament** : Professeur, M. le pasteur *Perrochet*.

Interprétation de Esaïe I-XII. — 3 h.   Interprétation de 2 Samuel I-XII. — 3 heures.

Histoire du canon et du texte. — 1 h.   Histoire des versions et de l'exégèse. — 1 heure.

SEMESTRE D'HIVER	SEMESTRE D'ÉTÉ

2. Exégèse et critique du Nouveau Testament : Professeur, M. le pasteur *E. Morel.*

SEMESTRE D'HIVER	SEMESTRE D'ÉTÉ
Exégèse de Marc VI-XI et de la première épitre aux Corinthiens. — 3 h.	Suite du cours. — 3 heures.
Histoire du canon. — 1 heure.	Histoire du texte des versions et de l'exégèse. - 1 heure.

3. Théologie systématique : Professeur, M. le pasteur *H. DuBois.*

SEMESTRE D'HIVER	SEMESTRE D'ÉTÉ
Morale, 1re partie : l'idéal moral; la force morale. — 2 heures.	*Morale,* 2e partie : les réalités morales. — 2 heures.
Histoire de la pensée chrétienne : la théologie protestante au xvie et au xviie siècles. — 2 heures.	*Histoire de la pensée chrétienne :* le xviiie siècle. — 2 heures.

4. Histoire ecclésiastique : Professeur, M. le pasteur *Ladame.*

SEMESTRE D'HIVER	SEMESTRE D'ÉTÉ
De Charlemagne à la Réformation, 800-1517. — 3 heures.	Suite du cours. - 3 heures.

5. Théologie pratique : Professeur, M. le pasteur *L. Nagel.*

SEMESTRE D'HIVER	SEMESTRE D'ÉTÉ
Catéchétique. — 2 heures.	Histoire de la prédication. — 2 h.
Exercices pratiques. — 1 heure.	Exercices pratiques. — 1 heure.

6. Hygiène : Professeur, M. le Dr *L. Guillaume.*

SEMESTRE D'HIVER	SEMESTRE D'ÉTÉ
Hygiène générale. — Météorologie. Eau. Sol. Géologie appliquée à l'hygiène. Maladies saisonnières. — 1 heure.	*Hygiène spéciale.* — Vêtements. Habitation. Alimentation. — 1 heure.

COURS LIBRE

Morale : Professeur, M. le pasteur *H. DuBois.*

SEMESTRE D'HIVER	SEMESTRE D'ÉTÉ
Suite du cours. Répétitions. — 1 h.	Suite du cours. — 1 heure.

SEMESTRE D'HIVER   SEMESTRE D'ÉTÉ

IV. FACULTÉ DE DROIT

A. Première division (1re année).

1. En commun avec la Faculté des Lettres.

1. Economie politique et statistique. 2. Géographie comparée. 3. Histoire générale. 4. Histoire nationale. 5. Langue allemande. 6. Littérature française. 7. Littérature générale. 8. Histoire de la philosophie. 9. Anatomie et physiologie comparées.

2. Cours spéciaux à la Faculté de Droit.

10. Encyclopédie, philosophie et histoire générale du droit : Professeur, M. le Dr *M. Humbert.*

Introduction aux études juridiques. —   Suite du cours. — 1 heure.
1 heure.

11. Droit international : Professeur, M. le Dr *M. Humbert.*

Son histoire et sa théorie. — 1 heure.   Suite du cours. — 1 heure.

12. Droit public : Professeur extraordinaire, M. A. *Jeanhenry.*

Droit public fédéral. — 1 heure.   Suite du cours. — 1 heure.

13. Cours spécial de latin : Professeur, M. le Dr *M. Humbert.*

Interprétation et commentaire som-   Suite du cours. — 2 heures.
maire des Instituts de Justinien. — 2
heures.

B. Deuxième division (2e et 3e années).

2e année.

En commun avec la première année.

1. Economie politique. 2. Droit public.

En outre :

3. Droit civil : Professeur, M. le Dr *F. Mentha.*

Droit des personnes. — 5 heures.   Droits réels. — 5 heures.

SEMESTRE D'HIVER	SEMESTRE D'ÉTÉ

4. Droit commercial et droit des obligations : Professeur, M. le Dr *M. Humbert.*

Histoire et caractères du Code des obligations. Théorie des obligations. Titres I à VIII, XI et XII du Code des obligations. — 4 heures.	Suite du cours. — 4 heures.

5. Droit romain : Professeur, M. le Dr *G. Courvoisier.*

Partie générale. Droits réels. Droits de famille. Obligations. — 3 heures.	Suite. Successions. Procédure civile romaine. — 3 heures.

6. Droit pénal : Professeur, M. le Dr *F. Mentha.*

Doctrines générales. Livre premier du Code pénal neuchâtelois. — 1 heure.	Suite du cours. — 1 heure.

7. Droit administratif : Professeur, M. *A. Jeanhenry.*

Droit admininistratif cantonal. — 1 heure.	Suite du cours. — 1 heure.

8. Droit comparé : Professeur, M. le Dr *M. Humbert.*

Les principales institutions du droit privé en Europe. — 2 heures.	Suite du cours. — 1 heure.

3e année.

En commun avec la deuxième année.

1. Droit civil. 2. Droit commercial et droit des obligations. 3. Droit romain. 4. Droit pénal. 5. Droit administratif.

En outre :

6. Procédure civile : Professeur, M. le Dr *F. Mentha.*

Organisation judiciaire. Procédure contentieuse. — 2 heures.	Suite du cours. — 2 heures.

7. Procédure pénale : Professeur, M. le Dr *F. Mentha.*

Principes généraux; étude de la loi neuchâteloise. — 1 heure.	Suite du cours. — 1 heure.

AUTORITÉS ACADÉMIQUES

I. Direction de l'Instruction publique.

John Clerc, conseiller d'Etat.

II. Commission d'Etat pour l'enseignement supérieur.

John Clerc, directeur de l'Instruction publique, *Président.*
Berthoud, Jean, président du tribunal, à Neuchâtel.
Berthoud, Fritz, à Fleurier.
Borel, Alfred, député, à Neuchâtel.
Brandt-Ducommun, Fritz, à la Chaux-de-Fonds.
Dr Guillaume, Louis, député, directeur du Pénitencier, à Neuchâtel.
Jeanhenry, Alfred, procureur-général, à Neuchâtel.
Jeanrenaud, Paul, député, à Neuchâtel.
Nagel, Louis-Constant, pasteur, à Neuchâtel.
Pettavel, Auguste, au Locle.
Petitpierre, Adolphe, pasteur, à Corcelles.
Dr Virchaux, Gustave, à Neuchâtel.

N.-B. — Le directeur du Gymnase et le recteur de l'Académie assistent aux séances de la Commission avec voix consultative. Le premier secrétaire du Département de l'Instruction publique fonctionne comme secrétaire de la Commission avec voix consultative (Article 4 de la loi sur l'enseignement supérieur).

III. Conseil de l'Académie.

Président : Dr Mentha, Fritz, professeur, recteur.
Vice-Président : de Chambrier, Alfred, vice-recteur.
Secrétaire : Dr LeCoultre, Jules, professeur.

B. Membres.

Les professeurs ordinaires des quatre Facultés.

IV. Recteur de l'Académie.

Dr Mentha, Fritz, professeur à la Faculté de Droit.

V. Conseils des Facultés.

Faculté des Lettres.

Président : Naville, Adrien, professeur.
Vice-Président : Dr LeCoultre, Jules, professeur.
Secrétaire : Bachelin, Léopold, professeur.

Faculté des Sciences.

Président : Dr Billeter, Otto, professeur.
Vice-Président : Dr Hirsch, Adolphe, professeur, directeur de l'Observatoire.
Secrétaire : Tripet, Fritz, professeur.

Faculté de Théologie.

Président : Ladame, Eugène, pasteur, à Cornaux.
Vice-Président : Nagel, Louis, pasteur.
Secrétaire : Morel, Ernest, pasteur, aux Brenets.

Faculté de Droit.

Président : Dr Humbert, Maurice, professeur.
Vice-Président : Dr Mentha, Fritz, professeur.
Secrétaire : Dr Courvoisier, Georges, avocat, professeur.

Professeurs ordinaires.

Bachelin, Léopold, Meyriez (Morat).
Dr Béraneck, Edmond, Evole, 9.
Dr Billeter, Otto, faubourg des Parcs, 4.
Dr Courvoisier, Georges, rue du Pommier, 12.
de Chambrier, Alfred, r. du Coq-d'Inde, 1.
Dr Daguet, Alex., Vieux-Châtel, 4.
Dr Domeier, rue J.-J. Lallemand, 11.
DuBois, Henri, rue Purry, 4.
Favre, Louis, rue de l'Industrie, 3.
Dr Hirsch, Adolphe, Observatoire.
Humbert, Aimé, rue du Château, 19.
Dr Humbert, Maurice, Evole, 9.
Isely, Louis, Cité de l'Ouest, 6.

Jaccard, Auguste, au Locle.
Ladame, E., pasteur, à Cornaux.
Dr LeCoultre, Jules, faubourg de l'Hôpital, 34.
Dr Mentha, Fritz, Evole, 15.
Morel, Ernest, pasteur, aux Brenets.
Naville, Adrien, Place Purry.
Nippel, Pierre, Maujobia.
Perrochet, Al., pasteur, à Serrières.
Dr de Tribolet, Maurice, Evole, 7.
Tripet, Fritz, rue de l'Industrie, 7.
Umiltà, Angelo, Ecluse, 47.
Dr Weber, Robert, Vieux-Châtel, 3.
Léon Metchnikoff, à Clarens.

Professeurs extraordinaires.

Dr Guillaume, directeur du Pénitencier.
Jeanhenry, Alfred, procureur-général, Evole, 15.

Nagel, Louis-Constant, pasteur, rue de la Balance, 1.

Professeurs honoraires.

Berthoud, Fritz, à Fleurier.
Dr Born, Etienne, professeur à l'Université de Bâle.
de Coulon, Louis, directeur du Musée, à Neuchâtel.
DuBois-Reymond, E., à Berlin.
Lesquereux, Léo, Columbus, Ohio, U. S. A.
Secrétan, Charles, professeur à l'Académie de Lausanne.

Vielle, Amable, ancien professeur, à Evian.
Jacottet, Paul, ancien professeur, avocat, à Neuchâtel.
Buisson, Ferdinand, directeur de l'enseignement primaire, à Paris.
Dr Michaud, Louis, ancien professeur, président du tribunal cantonal, à Neuchâtel.

BIBLIOTHÈQUE DE L'ACADÉMIE

Commission :   Dr Mentha, Fritz, recteur de l'Académie, président.

Favre, directeur du Gymnase cantonal, vice-président.

Dr LeCoultre, représentant de la Faculté des Lettres.

Dr de Tribolet, représentant de la Faculté des Sciences.

Perrochet, représentant de la Faculté de Théologie.

Dr Humbert, représentant de la Faculté de Droit.

Dr Daguet, représentant du Gymnase cantonal.

Bibliothécaire :   Dr Domeier, secrétaire de la Commission, avec voix consultative.

EMPLOYÉS DE L'ACADÉMIE

Strohl, Alexandre, préparateur au laboratoire de chimie.

Wieland, Gabriel, préparateur au laboratoire de physique.

Küffer, Henri, huissier de l'Académie, à l'Académie.

Küffer, Charles, garçon du laboratoire de chimie.

Concierges : Küffer, Henri, à l'Académie.

Pfister, Charles, aide-concierge.

EXTRAIT DU RÈGLEMENT DE L'ACADÉMIE

Organisation des études.

Art. 72.

L'enseignement est réparti, selon les branches, sur une, deux ou trois années.

Art. 73.

Les études d'une année à la Faculté des lettres préparent au baccalauréat et à l'admission dans les divisions supérieures des Facultés de théologie et de droit. Les études des années ultérieures préparent aux examens de licence et à ceux de brevet pour l'enseignement secondaire.

Art. 74.

Les études de la première année de la Faculté des sciences préparent au baccalauréat et aux examens d'admission dans les Facultés de médecine et à l'École polytechnique. Les études de l'année supérieure préparent aux examens de licence et à ceux de brevet pour l'enseignement secondaire.

Art. 76.

Les études juridiques durent trois années. Pendant la première année, les étudiants doivent suivre aussi certains cours de la Faculté des lettres.

Art. 78.

Les études théologiques durent quatre années. La première année est une année préparatoire, pendant laquelle les étudiants suivent plusieurs cours de la Faculté des lettres.

Admissions.

Art. 85.

Les cours de l'Académie sont suivis par des étudiants et des auditeurs (Loi, article 28).

Art. 86.

Les étudiants des Facultés des lettres et des sciences sont tenus de suivre au moins dix-huit heures de leçons par semaine dans leurs Facultés respectives.

Les étudiants des Facultés de droit et de théologie doivent suivre tous les cours de l'année pour laquelle ils sont inscrits.

Le conseil de l'Académie peut, exceptionnellement, accorder des dispenses de fréquentation de certains cours sur le préavis du recteur.

Art. 87.

Pour être admis comme étudiant à l'Académie, il faut :

1° Si l'on se présente pendant le premier trimestre, atteindre 17 ans avant le 31 décembre.

2° Si l'on se présente du 1er janvier à la fin du semestre d'été, être âgé de 17 ans révolus.

Le conseil de l'Académie peut, dans des cas exceptionnels, admettre des étudiants au-dessous de l'âge réglementaire.

Art. 88.

Sont admis comme étudiants, à ces conditions d'âge :

1° dans la Faculté des sciences, les porteurs

du certificat de maturité du Gymnase scientifique de Neuchâtel ou de titres équivalents ; les porteurs du certificat de maturité du Gymnase littéraire de Neuchâtel ou de titres équivalents ; les jeunes gens qui, sans avoir suivi les leçons de grec au Gymnase littéraire, ont subi sur les autres branches des examens suffisants ; et ceux qui, dans un examen d'admission, prouvent qu'ils possèdent des connaissances suffisantes ;

2° dans la Faculté des lettres, et dans la première année de la Faculté de théologie, les porteurs du certificat de maturité du Gymnase littéraire de Neuchâtel ou de titres équivalents, et ceux qui, dans un examen d'admission, prouvent qu'ils possèdent des connaissances suffisantes ;

3° dans la première année de la Faculté de droit, les porteurs du certificat de maturité du Gymnase littéraire de Neuchâtel ou de titres équivalents ; les jeunes gens qui, sans avoir suivi les leçons de grec au Gymnase littéraire, ont subi sur les autres branches des examens de sortie suffisants ; les porteurs du certificat de maturité du Gymnase scientifique de Neuchâtel ou de titres équivalents, à condition qu'ils subissent en outre un examen sur les éléments du latin ; et ceux qui, dans un examen d'admission, prouvent qu'ils possèdent des connaissances suffisantes.

Art. 89.

Sont admis dans les années supérieures des Facultés de théologie et de droit ceux qui subissent d'une manière suffisante les examens de promotion ou présentent des titres suffisants.

Art. 90.

Les auditeurs suivent les cours de leur choix sans subir d'examen préalable.

Art. 91.

Les conditions d'âge sont les mêmes pour les auditeurs que pour les étudiants.

Discipline.

Art. 94.

Les étudiants sont astreints à une fréquentation régulière des cours. Ils doivent répondre aux interrogations et faire les préparations et les travaux qui leur sont imposés.

Art. 95.

Les étudiants sont responsables personnellement, et, à défaut, collectivement, des dégâts commis dans les locaux de l'Académie.

Il leur est interdit de fumer dans le bâtiment.

Art. 96.

Les auditeurs sont soumis à la même discipline que les étudiants.

Examens.

Art. 104.

Il y a pour toutes les Facultés des examens d'admission et des examens de sortie. Il y a en outre pour les Facultés de théologie et de droit des examens annuels de promotion.

Art. 106.

Les examens d'admission ont pour base le programme du Gymnase cantonal. Toutefois, pour l'admission dans la Faculté de droit, la connaissance du grec n'est pas nécessaire, et l'examen de latin ne porte que sur l'interprétation de Cornélius Népos et de César.

Le jury fait le choix des branches sur lesquelles l'examen doit porter.

Art. 140.

Le diplôme de bachelier ès lettres est accordé sans examen spécial aux étudiants porteurs du certificat de maturité littéraire qui, après une année d'études à l'Académie, font une composition française suffisante et subissent des examens suffisants sur les cours suivants :

1° Langue et littérature latines ;

2° Langue et littérature grecques ;

3° Littérature française ;

4° Langue allemande ;

5° Histoire générale et histoire nationale ;

6° Géographie comparée ;

7° Philosophie et histoire de la philosophie ;

8° Anatomie et physiologie (Faculté des lettres) ;

9° Un ou deux cours de la Faculté des sciences, comprenant au moins trois heures par semaine.

Art. 144.

Les aspirants au baccalauréat ès sciences qui sont porteurs du certificat de maturité des Gymnases scientifique ou littéraire de Neuchâtel ou de titres équivalents, sont dispensés des examens de langue et de littérature françaises, de langue allemande, de géométrie, d'histoire générale et d'histoire suisse.

Concours académiques.

Art. 158.

L'Etat met chaque année une somme de fr. 400 à la disposition du conseil de l'Académie pour récompenser les meilleurs travaux de concours qui lui sont présentés.

Art. 159.

Pour être admis au concours, il faut être inscrit comme étudiant ou auditeur dans l'une des Facultés.

Art. 161.

Le concours reste ouvert pendant une année ; les travaux doivent être remis aux présidents des Facultés le jour de l'ouverture de l'année académique.

Aucun travail n'est admis, s'il n'est pas livré au terme indiqué ci-dessus.

Le travail doit être anonyme ; le nom de l'auteur est indiqué dans une enveloppe cachetée, et celle-ci porte une épigraphe répétée sur le titre du travail.

Art. 162.

La langue française est de règle pour les travaux de concours.

Toutefois, l'emploi de l'allemand, de l'anglais ou de l'italien est admis pour des sujets relatifs à ces langues. Il en est de même de la langue latine pour les sujets de philologie.

Art. 163.

L'auteur doit indiquer d'une manière précise, dans son travail, les sources où il a puisé.

Art. 164.

Les Facultés apprécient les travaux de concours par des chiffres dont le maximum est 6.

Les travaux qui ont obtenu le chiffre 5 ou un chiffre supérieur à 5 ont droit à un prix dont la valeur ne dépassera pas 100 fr.

Pour le chiffre 4, il sera accordé une mention honorable qui sera publiée de la même manière que les prix.

Art. 165.

La publication des prix se fait par le recteur de l'Académie avant les vacances de Noël.

Les jugements des Facultés seront annexés au rapport annuel du recteur.

Contributions académiques.

Art. 187.

Les étudiants des Facultés paient une finance d'immatriculation de fr. 10 lorsqu'ils sont admis à l'Académie, et une finance d'études de fr. 80 par an. S'ils s'inscrivent pour un semestre seulement, la finance d'études est de fr. 50 pour le semestre d'hiver et de fr. 40 pour le semestre d'été.

Les auditeurs des Facultés paient une finance d'études qui est calculée sur le nombre d'heures, à raison de fr. 5 pour le semestre d'hiver et de fr. 4 pour le semestre d'été, pour une heure de leçon par semaine.

Pour les instituteurs porteurs de brevets délivrés par un canton suisse, la finance d'études est réduite des trois quarts.

Pour les instituteurs étrangers, elle est réduite de moitié.

Les étudiants réguliers d'une Faculté peuvent fréquenter gratuitement les cours des autres Facultés.

ART. 188.

Les rétributions exigées pour les cours libres sont fixées par les personnes qui donnent ces cours, et le produit de ces rétributions leur appartient.

ART. 190.

Toutes les contributions scolaires sont payables d'avance.

ART. 191.

Pour les diplômes de bachelier, il est payé fr. 30, pour ceux de licencié, fr. 50.

Les candidats qui n'ont pas fait leurs études régulières à l'Académie paient une finance double, soit fr. 60 pour le diplôme de bachelier et fr. 100 pour celui de licencié.

Pour les certificats de maturités spéciales, la taxe d'examen est de fr. 20.

Les candidats qui ont échoué paient la moitié de la finance.

Les certificats d'études ou d'examens sont délivrés gratuitement.

Subventions académiques.

ART. 192.

Il y a deux catégories de subventions : les dispenses des contributions académiques et les bourses.

ART. 193.

Les subventions, de quelque nature qu'elles soient, sont accordées par le Conseil d'Etat, sur le préavis du département de l'Instruction publique.

ART. 194.

Les demandes de subventions se font au commencement de l'année académique. Chaque postulant adresse sa demande par écrit au recteur de l'Académie ou au directeur du Gymnase. Sa lettre doit être apostillée, selon le cas, par son père ou sa mère ou leur représentant, et appuyée de pièces justificatives.

ART. 195.

Les subventions sont destinées avant tout aux étudiants et élèves réguliers neuchâtelois, ainsi qu'aux étudiants et élèves réguliers originaires d'un autre canton suisse dont les parents sont établis dans le canton de Neuchâtel. Le Conseil d'Etat pourra cependant en accorder aussi, dans les limites du budget, à d'autres étudiants et élèves réguliers d'origine suisse ou étrangère.

EXTRAIT DU RÈGLEMENT DU LABORATOIRE DE CHIMIE

ART. 12.

Les étudiants et auditeurs de l'Académie qui suivent le cours de chimie pratique paient, pour l'usage du laboratoire, une indemnité de fr. 20 pour le semestre d'été et de fr. 30 pour le semestre d'hiver.

Art. 13.

Les élèves chimistes qui suivent le cours complémentaire de chimie pratique sont tenus de prendre une inscription, pour un cours au moins, à la Faculté des sciences, aux conditions règlementaires habituelles.

Quant à l'usage du laboratoire, ainsi que des drogues et appareils dont les élèves chimistes pourraient avoir besoin, il sera payé par chacun d'eux au bureau de l'Académie une indemnité de fr. 25 par mois. La moitié de cette contribution formera la rémunération du professeur et l'autre moitié sera versée dans la caisse de l'Etat par l'intermédiaire du recteur. Les élèves chimistes paieront à part les drogues exceptionnellement chères, ainsi que tout ce qu'ils pourraient casser ou gâter en fait d'appareils.

Le professeur doit surveiller personnellement les travaux des élèves chimistes. Il peut se faire remplacer par son aide, qui aura droit à une indemnité de sa part.

Le laboratoire sera ouvert aux élèves chimistes tous les jours, de 8 heures du matin à midi et de 2 heures à 4 heures du soir, à l'exception du jeudi et du samedi après midi.

SUJETS DES TRAVAUX DE CONCOURS

(Le concours reste ouvert jusqu'au 15 octobre 1888.)

FACULTÉ DES LETTRES

1. Etude mythologique sur les épithètes des dieux dans Homère.
2. Etude sur les chansons de geste françaises du cycle carlovingien.
3. Ce que la Suisse a reçu de l'Europe civilisée et ce qu'elle lui a donné au point de vue des institutions politiques.
4. Appréciation morale de l'amour-propre.

FACULTÉ DES SCIENCES

1. Sur la transformation de l'énergie.
2. Etude sur les indicateurs dans l'alcalimétrie et l'acidimétrie.
3. Etude des amphibiens du canton de Neuchâtel au point de vue zoologique et anatomique.
4. Les cryptogames vasculaires de la flore neuchâteloise.
5. Les tremblements de terre.

FACULTÉ DE THÉOLOGIE

1. Les principes caractéristiques du protestantisme.
2. Rapport entre les discours de Jésus dans les synoptiques et dans le 4e évangile.
3. La notion de la justice dans les écrits de l'Ancien et du Nouveau Testament.

FACULTÉ DE DROIT

1. La demeure et la faute en droit fédéral et en droit romain.
2. Etude sur les conflits de l'action civile et de l'action pénale.
3. Les droits individuels garantis par la Constitution fédérale et la Constitution neuchâteloise.
4. Théorie des rapports en droit de succession.

AVIS DIVERS

La *Bibliothèque publique* de Neuchâtel est ouverte pour l'échange des livres, tous les jours ouvrables, à l'exception du lundi, de 10 heures à midi. Elle est également ouverte le mardi, le jeudi et le samedi après midi, pour les personnes qui désirent y travailler.

Le *Musée d'histoire naturelle* est ouvert le jeudi, de 10 heures à midi et de 2 à 4 heures du soir, et le dimanche, de 2 à 4 heures du soir.

Le *Musée de peinture* et le *Musée historique* sont ouverts le dimanche, de 11 heures du matin à 4 heures du soir, et le jeudi, de 10 heures à midi.

L'*Observatoire astronomique* est ouvert le vendredi, de 2 à 4 heures de l'après-midi.

Le semestre d'hiver commencera le 17 octobre 1887 et durera jusqu'au milieu de mars 1888. Le premier jour du semestre est consacré aux inscriptions.

Les examens d'admission auront lieu le second jour.

Les cours commenceront le mercredi 19 octobre.

Le semestre d'été commencera au milieu de mars 1888 et durera jusqu'au milieu de juillet. Les dates précises seront annoncées ultérieurement.

Neuchâtel, le 12 juillet 1887.

Le Recteur de l'Académie :

A. DE CHAMBRIER.